O'Reilly精品图书系列

MLOps实战

机器学习模型的开发、部署与应用

[英] 马克·特雷维尔（Mark Treveil）
[美] the Dataiku Team 著

熊峰 温泉 李磊 译

Beijing · Boston · Farnham · Sebastopol · Tokyo

O'Reilly Media, Inc. 授权机械工业出版社出版

机械工业出版社
CHINA MACHINE PRESS

图书在版编目（CIP）数据

MLOps 实战：机器学习模型的开发、部署与应用 / （英）马克·特雷维尔（Mark Treveil），美国 the Dataiku Team 著；熊峰，温泉，李磊译 . -- 北京：机械工业出版社，2022.7（2023.12 重印）

（O'Reilly 精品图书系列）

书名原文：Introducing MLOps

ISBN 978-7-111-71009-7

I. ① M… II. ①马… ②美… ③熊… ④温… ⑤李… III. ①机器学习 IV. ① TP181

中国版本图书馆 CIP 数据核字（2022）第 103223 号

北京市版权局著作权合同登记 图字：01-2021-0678 号。

封底无防伪标均为盗版

书　　名/ MLOps 实战：机器学习模型的开发、部署与应用

书　　号/ ISBN 978-7-111-71009-7

责任编辑/ 冯润峰

封面设计/ Karen Montgomery，张健

出版发行/ 机械工业出版社

地　　址/ 北京市西城区百万庄大街 22 号（邮政编码 100037）

印　　刷/ 北京捷迅佳彩印刷有限公司

开　　本/ 178 毫米 ×233 毫米　16 开本　10.75 印张

版　　次/ 2022 年 7 月第 1 版　2023 年 12 月第 2 次印刷

定　　价/ 79.00 元（册）

客服电话：(010) 88361066　68326294

O'Reilly Media, Inc.介绍

O'Reilly以"分享创新知识、改变世界"为己任。40多年来我们一直向企业、个人提供成功所必需之技能及思想，激励他们创新并做得更好。

O'Reilly业务的核心是独特的专家及创新者网络，众多专家及创新者通过我们分享知识。我们的在线学习（Online Learning）平台提供独家的直播培训、互动学习、认证体验、图书、视频等等，使客户更容易获取业务成功所需的专业知识。几十年来O'Reilly图书一直被视为学习开创未来之技术的权威资料。我们所做的一切是为了帮助各领域的专业人士学习最佳实践，发现并塑造科技行业未来的新趋势。

我们的客户渴望做出推动世界前进的创新之举，我们希望能助他们一臂之力。

业界评论

"O'Reilly Radar博客有口皆碑。"

——Wired

"O'Reilly凭借一系列非凡想法（真希望当初我也想到了）建立了数百万美元的业务。"

——Business 2.0

"O'Reilly Conference是聚集关键思想领袖的绝对典范。"

——CRN

"一本O'Reilly的书就代表一个有用、有前途、需要学习的主题。"

——Irish Times

"Tim是位特立独行的商人，他不光放眼于最长远、最广阔的领域，并且切实地按照Yogi Berra的建议去做了：'如果你在路上遇到岔路口，那就走小路。'回顾过去，Tim似乎每一次都选择了小路，而且有几次都是一闪即逝的机会，尽管大路也不错。"

——Linux Journal

目录

前言

在机器学习（ML）的发展历史中，我们已经到达了一个转折点，该技术已经从理论和学术领域进入了"现实世界"——为全世界的人提供各种服务和产品的业务。虽然这种转变令人兴奋，但同时也充满挑战，因为这将机器学习模型的复杂性与现代企业的复杂性结合在一起。

随着各种企业从尝试机器学习到在生产环境中扩展机器学习，其中的困难之一便是维护。企业如何从仅管理单个模型转变为管理几十乃至成百上千个模型呢？这不仅仅是 MLOps 发挥作用的地方，也是体现上述技术和商业方面复杂性的地方。本书将向读者介绍当前使用 MLOps 面临的挑战，同时还为开发 MLOps 功能提供实用的见解和解决方案。

本书适用人群

我们专门为分析人员和 IT 运营团队经理（即直接面对在生产中扩展机器学习任务的人员）编写了这本书。鉴于 MLOps 是一个新领域，我们编写了本书，作为创建一个成功的 MLOps 环境的指南，涵盖了从组织到技术方面的挑战。

本书结构

本书分为三个部分。第一部分（第 1 ～ 3 章）是对 MLOps 主题的介绍，深入探讨它如何（以及为何）发展成一门学科、需要谁参与才能成功执行 MLOps 以及需要哪些组成部分。

1

第二部分（第4~8章）大致介绍了机器学习模型的生命周期，其中包括有关模型开发、生产准备、生产部署、监控和治理的章节。这些章节不仅包括一般的注意事项，还包括MLOps生命周期每个阶段的注意事项，并提供与第3章中所涉及主题相关的更多详细信息。

最后一部分（第9~11章）提供了MLOps在当今公司中的具体示例，以便读者了解MLOps在实践中的设置和含义。尽管公司名称是虚构的，但这些故事是以现实中的公司在MLOps和大规模模型管理方面的经验为基础的。

排版约定

本书中使用以下排版约定：

斜体（*Italic*）

    表示新的术语、URL、电子邮件地址、文件名和文件扩展名。

等宽字体（`Constant width`）

    用于程序清单，以及段落中的程序元素，例如变量名、函数名、数据库、数据类型、环境变量、语句以及关键字。

等宽粗体（**`Constant width bold`**）

    表示应由用户直接输入的命令或其他文本。

等宽斜体（*`Constant width italic`*）

    表示应由用户提供的值或由上下文确定的值替换的文本。

O'Reilly 在线学习平台 (O'Reilly Online Learning)

O'REILLY®　　40多年来，O'Reilly Media致力于提供技术和商业培训、知识和卓越见解，来帮助众多公司取得成功。

我们拥有独一无二的专家和革新者组成的庞大网络，他们通过图书、文章、会议和我们的在线学习平台分享他们的知识和经验。O'Reilly的在线学习平台允许你按需访问现场培训课程、深入的学习路径、交互式编程环境，以及

O'Reilly 和 200 多家其他出版商提供的大量文本和视频资源。有关的更多信息，请访问 *http://oreilly.com*。

如何联系我们

对于本书，如果有任何意见或疑问，请按照以下地址联系本书出版商。

美国：

O'Reilly Media，Inc.
1005 Gravenstein Highway North
Sebastopol，CA 95472
中国：

北京市西城区西直门南大街 2 号成铭大厦 C 座 807 室（100035）
奥莱利技术咨询（北京）有限公司

要询问技术问题或对本书提出建议，请发送电子邮件至 *errata@oreilly.com.cn*。

本书配套网站 *https://oreil.ly/intro-mlops* 上列出了勘误表、示例以及其他信息。

关于书籍、课程、会议和新闻的更多信息，请访问我们的网站 *http://www.oreilly.com*。

我们在 Facebook 上的地址：*http://facebook.com/oreilly*

我们在 Twitter 上的地址：*http://twitter.com/oreillymedia*

我们在 YouTube 上的地址：*http://youtube.com/oreillymedia*

致谢

我们要感谢整个 Dataiku 团队，感谢他们从构思到完成对本书出版的支持。这是真正的团队努力，就像我们在 Dataiku 做的大多数事情一样，植根于无数人和团队之间的基本合作。

感谢那些从一开始就与 O'Reilly 一起支持我们的愿景的人、那些帮助我们写作和编辑的人、那些提供诚实反馈的人（即使这意味着更多的写作、重写、再重写）、那些在内部当啦啦队队员的人，当然，还有那些帮助我们将本书推向世界的人。

MLOps 是什么，
为什么要使用 MLOps

MLOps 是什么，
为什么要使用 MLOps

第 1 章

为什么现在要使用 MLOps，使用 MLOps 面临的挑战

MLOps 正在迅速成为企业中成功的数据科学项目部署的关键组成部分（如图 1-1 所示）。这是一个帮助组织和商业领袖创造长期价值，同时降低与数据科学、机器学习和 AI 计划相关风险的过程。MLOps 是一个相对较新的概念，那么，为什么它似乎一夜之间就进入了数据科学词典？本介绍性章节将深入探讨 MLOps 的含义、它面临的挑战、为什么它对于企业中成功的数据科学战略至关重要，以及为什么它现在处于最前沿。

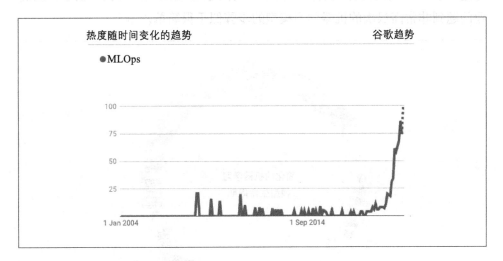

图 1-1：MLOps 的指数增长示意图

1.1 定义 MLOps 及面临的挑战

MLOps 的核心是机器学习生命周期管理的简化和标准化（如图 1-2 所示）。但是退一步讲，我们为什么要简化机器学习的生命周期呢？从表面上看，从商业问题到非常高层次的机器学习模型的步骤似乎很简单。

图 1-2：与图 1-3 相比，机器学习模型生命周期的简单表示通常低估了对 MLOps 的需求

对于大多数传统组织而言，开发多种机器学习模型以及在生产环境中部署它们还是相对较新的概念。截至现在，许多公司的机器学习模型数量还比较少，便于管理，或者公司的业务对这些机器学习模型的依赖性并不高。但随着决策自动化（即无须人工干预即可制定决策）的普及，机器学习模型将变得更加关键，与此同时，在顶层管理模型风险变得更加重要。

就需求和工具而言，企业环境中机器学习生命周期的实现要复杂得多（如图 1-3 所示）。

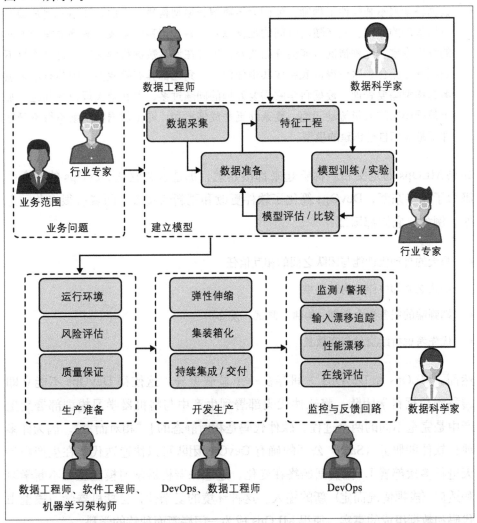

图 1-3：一个普通组织内部的机器学习模型生命周期的现实图景，其中涉及许多技能完全不同且通常使用完全不同的工具的专业人员

管理大规模机器学习生命周期十分具有挑战性的原因主要有三个：

- 有很多依赖项。不仅数据在不断变化，行业需求也在发生变化。结果需要不断地反馈给业务部门，以确保生产中和生产数据上的模型的实际情况与期望相符，并且关键是解决原始问题或满足原始目标。

- 并非每个人都使用相同的语言。机器学习生命周期中涉及商业、数据科学和IT团队的人员，但这些团队并不都使用相同的工具，甚至在许多情况下，这些团队都没有相同的基本技能作为交流的基础。

- 数据科学家不是软件工程师。他们大多数擅长模型构建和评估，并不一定是编写应用程序的专家。虽然随着时间的推移以及一些数据科学家成为部署或操作方面的特别专家，这种情况可能会开始改变，但现在许多数据科学家发现自己不得不兼顾许多角色，这使得彻底完成其中任何一个角色都具有挑战性。因为有越来越多的模型需要管理，数据科学家需要处理的问题过多，尤其是大规模的问题。加上数据团队的人员流动问题，复杂性更是成倍增加，许多数据科学家不得不管理并不是他们自己创建的模型。

如果MLOps的定义和名称听起来都很熟悉，那是因为它从DevOps的概念中汲取了很多东西，DevOps简化了软件更改和更新的实践。两者有很多共同之处。例如，它们都围绕：

- 强大的自动化性能与团队之间的相互信任
- 团队之间的协作与沟通思维
- 端到端的服务生命周期（构建、测试、发布）
- 优先考虑持续交付与高质量

然而，MLOps和DevOps之间存在一个显著差异，这使得DevOps不能立即转移到数据科学团队：将软件代码部署到生产中与将机器学习模型部署到生产中是完全不同的两个过程。软件代码是相对静态的["相对而言"，因为许多现代软件即服务（SaaS）公司的确有DevOps团队可以快速迭代并在生产中每天进行多次部署]，但数据始终在变化，这意味着机器学习模型正在不断学习和适应（或视情况而定）新的输入。这种环境的复杂性，包括机器学习模型由代码和数据组成的事实，使得MLOps成为一门崭新而独特的学科。

除了 MLOps 与 DevOps 之外，还有 IBM 在 2014 年引入的术语 DataOps。DataOps 致力于提供可以快速投入商业使用的数据，并且着重关注数据的质量和元数据管理。例如，如果模型所依赖的数据突然发生变化，DataOps 系统将提醒业务团队更仔细地处理最新的洞见，并且通知数据团队去调查相关的更改，对数据进行还原或升级，重建相关的分区。

因此，MLOps 的兴起在某种程度上与 DataOps 是相关的，但是相比之下，MLOps 会因为其他的关键功能（在第 3 章中详细讨论）带来更强的鲁棒性。

一直到现在，与 DevOps 和后来的 DataOps 一样，相关团队仍能够在没有 MLOps 准确定义和集中化流程的情况下解决问题，这主要是因为从企业角度上，他们还没有大规模地将机器学习模型部署到生产中。但是现在情况正在逐渐发生改变，团队越来越多地寻找在异构环境和 MLOps 最佳实践框架下，形成一个多级别、多学科、多阶段的过程的方法，这不是一个简单的任务。本书的第二部分将提供这方面的指南。

1.2 使用 MLOps 以降低风险

对于任何团队来说，即使只有一个模型在生产中，MLOps 也很重要。因为对模型性能的连续监控和调整是必不可少的。通过允许安全可靠的操作，MLOps 是降低使用 ML 模型引起的风险的关键。但是，MLOps 实践是有代价的，因此应该针对每个用例执行适当的成本效益评估。

1.2.1 风险评估

对于机器学习模型来说，每个问题的风险差异很大。例如，每月向客户发送一次推荐广告的推荐引擎与一个利用机器学习模型确定定价和收入的旅游网站相比，风险要低得多。因此，在将 MLOps 视为减轻风险的一种方法时，应该分析以下几个方面：

- 模型在给定时间段内不可用的风险

- 模型对给定样本返回错误预测结果的风险

- 模型准确性或公平性随着时间降低的风险

- 失去维护模型所需技能（即数据科学人才）的风险

对于在组织外部广泛部署和使用的模型，风险通常更大。如图 1-4 所示，风险评估通常基于两个指标：不良事件的概率和影响。缓解措施通常基于两者的组合，即模型出现问题的严重性。风险评估应在每个项目开始时进行，并定期进行重新评估，因为模型的使用方式可能会与最初预计的不同。

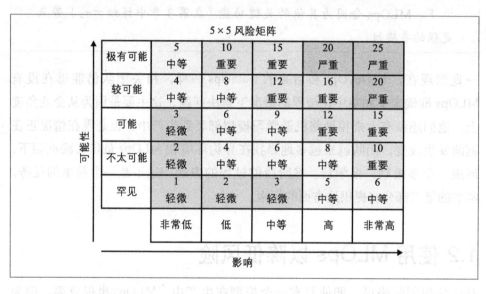

图 1-4：该表可帮助决策者对风险进行定量分析

1.2.2 降低风险

当一个集中的团队（具有自身活动的独特报告，这意味着在任何给定的企业中都可能有多个这样的团队）拥有多个操作模型时，MLOps 将规模视为降低风险的关键。在这一点上，如果没有标准化，就很难对这些模型的状态有一个全面的观察，这种标准化允许对每个模型采取适当的缓解措施（参见 8.2 节）。

在没有 MLOps 基础设施的情况下将机器学习模型投入生产是有风险的，原因有很多，但要全面评估机器学习模型的性能通常又只能在生产环境中进行。

为什么是这样呢？因为预测模型的质量与训练数据之间的关系十分紧密，这意味着训练数据必须能很好地反映生产环境中遇到的数据。如果生产环境发生变化，那么模型的性能可能会迅速下降（详细信息请参见第5章）。

另一个造成风险的主要因素是，机器学习模型的性能通常对其运行的生产环境非常敏感（包括所使用的软件和操作系统的版本）。这与传统软件中所存在的缺陷还不尽相同，因为机器学习模型大多数不是手写的，而是机器生成的。相反，问题在于它们通常是基于大量的开源软件（如scikit-learn、Python或Linux之类的库）构建的，而这些软件的版本与模型的版本相匹配十分重要。

最终，将模型投入生产并不是机器学习生命周期的最后一步，这还远远没有结束。通常，投产只是监控其性能并确保模型的表现符合预期的开始。随着越来越多的数据科学家开始将更多的机器学习模型投入生产，MLOps在降低潜在风险方面变得至关重要。如果出现问题（取决于模型），潜在风险可能会对业务造成毁灭性的影响。监控也是必要的，这样组织就可以准确地了解每种模型的使用情况。

1.2.3 负责任的人工智能下的 MLOps

负责任地使用机器学习（通常称为负责任的人工智能）涵盖两个主要方面：

意向性

即确保模型的设计和行为符合相应的目的。这包括保证用于人工智能项目的数据来自合规和无偏见的数据源，以及人工智能项目的协作方法，以确保对潜在模型偏见进行多重检查和平衡。意向性还意味着可解释性，也就是说AI系统的结果应该有理有据，可以让人对其进行解释说明。

问责制

集中控制、管理和审计企业人工智能工作——无影子IT技术（*https://oreil.ly/2k0G2*）！问责制是对于企业中哪些团队在何种模型中使用了何种数据有一个总体的看法。它还包括需要信任数据是可靠的且是根据法规收集的，以及集中了解哪些模型用于哪些业务流程。这与可追溯性密切相关：如果出现了错误，是否很容易就能找到产生问题的是管道中的具体哪一个过程？

这些原则看似很简单，但是重要的是要考虑机器学习模型缺乏传统命令式代码的透明度。换句话说，就是很难理解使用什么特征来确定一个预测，这反过来又会使证明模型符合必要的监管或内部治理要求变得更加困难。

现实情况是，引入针对机器学习的自动化模型，将问责制的基本责任从层次结构的底部转移到了顶部。也就是说，以前可能由在准则范围内操作的个人做出的决策（例如，给定产品的价格应该是多少，或者是否应该批准某个人的贷款申请），现在将由一个模型来完成。负责所述模型自动决策的人员可能是数据团队的经理，甚至是主管，这将负责任的人工智能的概念推向了更前沿的位置。

考虑到前面讨论的风险以及这些特殊的挑战和原则，很容易看到 MLOps 和负责任的人工智能之间的相互作用。团队必须具有良好的 MLOps 原则，才能实践负责任的人工智能，而负责任的人工智能则需要 MLOps 策略来相辅相成。考虑到这个主题的重要性，我们将在本书中多次强调，研究在 ML 模型生命周期的每个阶段应该如何处理它。

1.3 大规模的 MLOps

MLOps 的重要性不仅仅体现在有助于减轻生产中机器学习模型的风险，它还有助于大规模部署机器学习模型（进而受益于相应的经济规模）。从生产中的一个或少数几个模型到对业务产生积极影响的数十、数百或数千个模型，MLOps 的原则就显得尤为重要了。

好的 MLOps 将为团队提供至少以下几个方面的帮助：

- 跟踪版本控制，尤其是在设计阶段的实验中。
- 了解再训练的模型是否比以前的版本更好（并将表现更好的模型推广到生产中）。
- 确保（在定义的时段——每天、每月等）模型性能不会在生产中降低。

结语

MLOps 实践中必不可少的主要组成部分将在第 3 章进行讨论。这些组成部分不仅可以有效地在企业级别上扩展数据科学和机器学习，而且可以在不让业务面临风险的情况下进行。在没有适当的 MLOps 实践的情况下尝试部署数据科学的团队将面临模型质量和连续性的问题，或者更糟糕的是，他们将引入对业务产生负面影响的模型（例如，做出有偏见的预测的模型，对公司造成负面影响）。

在更高层次上，MLOps 也是使机器学习策略透明化的关键部分。高层管理者和最高管理层应该能够了解数据科学家在生产中部署了哪些机器学习模型，以及它们对业务的影响。除此之外，可以说他们应该能够深入了解这些机器学习模型背后的整个数据管道（即从原始数据到最终输出所采取的步骤）。如本书所述，MLOps 可以提供这种程度的透明度和问责制度。

第 2 章

MLOps 的使用人员

虽然机器学习模型主要是由数据科学家构建的，但认为只有数据科学家才能从强大的 MLOps 过程和系统中受益的观点是一种误解。实际上，MLOps 是企业 AI 战略的重要组成部分，影响着每一个从事机器学习模型生命周期工作或受益于此的人。

本章介绍了这些人在机器学习生命周期中所扮演的角色、他们应该与谁联系并在一流的 MLOps 计划下一起工作以实现机器学习的最佳结果，以及他们可能有什么 MLOps 要求。

重要的是要注意这个领域正在不断发展，可能会出现许多未在此处列出的新职位，并在 MLOps 职责方面提出了新的挑战（或重叠）。

在深入研究细节之前，让我们先看看表 2-1，该表提供了人员概述：

表 2-1：MLOps 人员概述

角色	机器学习生命周期中所扮演角色	MLOps 要求
行业专家	• 提供机器学习模型建立所需业务问题、业务目标或 KPI • 不断评估模型以保证其性能可以满足需求	• 利用业务术语建立简单的模型评估方式 • 建立标记与业务预期不符的模型结果的机制或反馈循环
数据科学家	• 建立用于解决行业专家所提出的业务问题或需求的模型 • 交付可操作的模型，以便它们能够在生产环境和生产数据中正确使用 • 与行业专家一起评估模型质量，以	• 实现自动化的模型打包与交付，使其可以简单快速且安全地部署到生产中 • 具有开发测试来决定部署模型的质量以及对其进行持续改进的能力

表 2-1：MLOps 人员概述（续）

角色	机器学习生命周期中所扮演角色	MLOps 要求
	确保模型可解决初始的业务问题与需求	• 具有宏观管控所有部署模型（包括并排测试）的性能的能力 • 在没有模型初始构造者的情况下调查模型数据管道，以进行快速的评估与调整的能力
数据工程师	• 优化数据的检索和使用以支持机器学习模型	• 了解所有部署模型性能的能力 • 可通过查看各个数据管道的全部细节来解决潜在数据问题的能力
软件工程师	• 将机器学习模型集成到公司的应用程序以及系统中 • 确保机器学习模型与其他非机器学习模型应用程序的无缝协作	• 版本测试与自动测试 • 在同一应用程序上并行工作的能力
DevOps 团队	• 建立操作系统以测试模型的安全性、性能以及可用性 • 持续集成（CI）与持续交付（CD）管道管理	• 将 MLOps 无缝集成到企业更大的 DevOps 策略中 • 无缝部署管道的能力
模型风险管理者 / 审计师	• 最小化生产中的机器学习模型对公司的总体风险 • 在模型投入生产之前确保其符合内部与外部要求	• 对于包括数据沿袭在内的，针对从前或生产中的模型的鲁棒、自动化的报告工具的了解
机器学习架构师	• 确保从设计、开发再到监控的机器学习模型管道的环境是灵活可扩展的 • 酌情引入新技术以提高生产中机器学习模型的性能	• 对模型及其所消耗的资源的深入了解 • 对评估和调整基础设施的数据管道有深入了解

2.1 行业专家

作为 MLOps 的一部分，首先要考虑的是行业专家（SME），毕竟 ML 模型生命周期以他们开始和结束。尽管面向数据的专家们（数据科学家、工程师、架构师等）在许多领域都有专业知识，但他们往往对业务以及需要使用机器学习解决的问题缺乏深入的了解。

行业专家通常会带着明确定义的目标、业务问题或他们希望实现或解决的关键绩效指标（KPI）来参加会议，或者至少他们应该参加会议。在某些情况下，KPI的定义可能非常明确（例如，"要达到本季度的数字，我们需要将客户流失率降低10%"或"由于计划外的维护，我们每季度损失N美元，我们怎么能更好地预测停机时间？"）。在其他情况下，目标和问题的定义可能不太明确（例如，"我们的服务人员需要更好地了解我们的客户才能向他们推销产品"或"我们如何让人们购买更多的产品？"）。

在流程正常的组织中，以一个更明确的业务问题来启动机器学习模型生命周期并不总是必要的，甚至不一定是理想的情况。对于行业专家而言，以不太明确的业务目标工作可能是一个很好的机会，可以让行业专家直接与数据科学家进行合作，并在开始任何数据探索或模型试验之前，更好地描述问题，集思广益提出可能的解决方案。

没有行业专家的专业观点，由其他数据专业人员（尤其是数据科学家）直接启动机器学习生命周期过程，试图解决问题或提供非大型企业服务的解决方案就可能会存在一定风险。最终，这不仅不利于需要与数据科学家和其他数据专家合作来构建解决方案的行业专家，而且也不利于可能难以提供更大价值的数据科学家本身。

行业专家不参与机器学习生命周期的另一个负面结果是，如果没有真正的业务成果，那么数据团队随后就难以获得吸引力和额外预算或支持，以继续进行高级的分析计划。最终，这对数据团队，行业专家以及整个企业都是不利的。

为了加强行业专家参与，可以使用业务决策建模方法来确定要解决的业务问题的形式，并构建机器学习在解决方案中的作用。

业务决策建模

决策建模可创建决策流程的业务蓝图，使行业专家可以直接构建和描述他们的需求。决策模型因为它们将机器学习与行业专家联系在一起

而有所帮助。这使模型可以与业务规则集成，并帮助行业专家充分了解决策环境和模型更改的潜在影响。

MLOps 策略包含了面向行业专家的业务决策建模组件，可以成为一个有效的工具，以确保不了解基础模型自身工作原理的人员也可以正确地在真实的机器学习模型上进行工作[注1]。

行业专家在机器学习模型生命周期的开始和结束（后期制作）中都扮演着重要角色。通常，为了了解机器学习模型是否运行良好或是否达到预期效果，数据科学家需要行业专家来关闭反馈回路，因为传统指标（准确性、精确性、召回率等）是远远不够的。

例如，数据科学家可以建立一个简单的客户流失预测模型，该模型在生产环境中具有很高的准确性，但是，营销并不能阻止任何客户流失。从业务角度来看，这意味着该模型无法正常工作，这是重要的信息，需要返回到构建 ML 模型的人那里，以便他们可以找到另一种可能的解决方案，例如引入提升模型，帮助营销更好地针对可能接受营销消息的潜在客户。

鉴于行业专家在机器学习模型生命周期中所扮演的角色，构建 MLOps 过程以使他们能够轻松地从业务角度理解已部署的模型性能十分重要。也就是说，他们不仅需要了解模型的准确性、精确性和召回率，还需要了解模型的结果或对业务流程的影响。此外，当模型性能出现意外变化时，行业专家需要通过 MLOps 过程采用可扩展的方式来标记与业务预期不一致的模型结果。

除了这些明确的反馈机制之外，更通常来讲，应该以增加行业专家业务透明度的方式来构建 MLOps。也就是说，他们应该能够使用 MLOps 过程作为起点，来探索模型背后的数据管道，了解正在使用什么数据，如何对其进行转换和增强，以及正在应用哪种机器学习技术。

对于同样关注机器学习模型是否符合内部或外部法规的行业专家来说，MLOps 是使这些过程具有透明度和可理解性的另一种方式。这包括能够深入

注 1：决策需求模型以决策模型和表示法（*https://oreil.ly/6k5OT*）为基础，是改善流程、有效管理业务规则项目、制定预测分析工作，以及确保决策支持系统（DSS）和仪表板以行动为导向的框架。

挖掘模型做出的各个决策，以理解模型为何做出该决策。这应该是统计和汇总反馈的补充。

最后，MLOps 作为与数据科学家就他们正在构建的模型进行交流的平台和反馈机制，与行业专家最相关。但是，还有其他 MLOps 需求——特别是与负责任的人工智能相关的透明度方面的需求，与行业专家相关，并使它们成为 MLOps 的重要组成部分。

2.2 数据科学家

数据科学家的需求是制定 MLOps 策略时要考虑的最关键的需求。现在大多数组织中的数据科学家经常处理孤立的数据、流程和工具，这使得他们难以有效地扩展工作。MLOps 完全有能力改变这种状况。

尽管大多数人将数据科学家在机器学习模型生命周期中的作用严格地视为模型构建的一部分，但其作用（至少应该）是更为广泛的。从一开始，数据科学家就需要与行业专家合作，理解并帮助构建业务问题，从而构建可行的机器学习解决方案。

而现实情况是，机器学习模型生命周期中最关键的第一步通常是最困难的。对于数据科学家而言，这尤其具有挑战性，因为这不是他们的专业所在。大学和网上的正式和非正式数据科学项目都非常强调技术技能，而不一定是与来自商业领域的行业专家进行有效沟通的技能，而这些专家通常对机器学习技术都不太熟悉。业务决策建模技术可以在这方面提供帮助。

这也是一个挑战，因为这可能需要大量的时间。对于那些想要深入研究并亲自动手的数据科学家来说，在开始解决问题之前花上数周时间来构思和概述问题可能是一种折磨。最重要的是，数据科学家通常（从物理上、文化上，或者两者都有）与业务核心和行业专家之间是相互隔离的，所以他们无法访问可促进这些人员之间轻松协作的组织基础设施。强大的 MLOps 系统可以帮助解决其中的一些挑战。

在克服了第一个障碍之后，根据组织的不同，项目可能会移交给数据工程师或分析师进行一些初始数据收集、准备和探索。在某些情况下，数据科学家自己管理机器学习模型生命周期的这些部分。但是无论如何，数据科学家都会在构建、测试、增强和部署模型的时候后退一步。

模型部署后，数据科学家的职责包括不断评估模型质量，以确保其在生产中的工作方式能够满足最初的业务问题或需求。许多组织的根本问题往往是：数据科学家是否只监控他们参与构建的模型，还是一个人负责所有的监控？在前一种情况下，当人员流动时会发生什么？在后一种情况下，建立良好的MLOps做法至关重要，因为监控人员还需要能够迅速介入并采取行动，以防模型漂移并开始对业务产生负面影响。如果监控人员不是创建它的人，那么MLOps如何使这个过程变得无缝？

运营化与 MLOps

在整个 2018 年和 2019 年初，当涉及 ML 模型生命周期和企业中的 AI 时，运营化是关键词。简单地说，数据科学的运营化是将模型推向生产，并根据业务目标来衡量其性能的过程。那么，运营化如何适应 MLOps 的故事呢？ MLOps 将运营化进一步推进，不仅包括推进到生产阶段，还包括这些模型的维护以及整个生产数据管道的维护。

尽管它们是不同的，但 MLOps 可能被认为是新的运营化。也就是说，在企业运营的许多主要障碍已经消失的地方，MLOps 是下一个前沿，并为企业的机器学习工作提出了下一个巨大的挑战。

上一节中的所有问题都直接指向此处：涉及 MLOps 的数据科学家需求。从过程的结尾开始反推，MLOps 必须为数据科学家提供所有已部署模型以及所有经过 A/B 测试的模型的性能的可见性。但更进一步看，这不仅涉及监控，还涉及行动。一流的 MLOps 应该使数据科学家能够灵活地从测试中选择成功的模型，并轻松部署它们。

透明度是 MLOps 的首要主题，因此它也是数据科学家的关键需求也就不足为奇了。深入研究数据管道并进行快速评估和调整的能力（无论最初由谁构建模型）至关重要。自动化的模型打包和交付，以快速、轻松（但又安全）地部署到生产环境是透明度的另一个重要方面，它是 MLOps 的关键组成部分，尤其是数据科学家将与软件工程师和 DevOps 团队相互合作的时候。

除了透明度之外，掌握 MLOps 的另一个主题——尤其是在满足数据科学家的需求方面——是纯粹的效率。在企业环境中，敏捷性和速度至关重要。对 DevOps 而言确实如此，对 MLOps 而言也不例外。当然，数据科学家可以以临时方式部署、测试和监控模型。但是他们将花费大量时间来重新构建每个机器学习模型的基础，并且永远不会为组织增加可扩展的机器学习流程。

2.3 数据工程师

数据管道是机器学习模型生命周期的核心，而数据工程师又是数据管道的核心。由于数据管道可能是抽象且复杂的，因此数据工程师可以从 MLOps 中提升效率。

在大型组织中，在机器学习模型的应用程序之外，管理数据流是一项全职工作。因此，根据企业的技术堆栈和组织结构，数据工程师可能会更专注于数据库本身而不是管道 [特别是如果该公司正在利用数据科学和机器学习平台，这些平台有助于其他数据从业者（如业务分析师）可视化构建管道]。

尽管组织的角色略有不同，但数据工程师在生命周期中的角色是优化数据的检索和使用，最终为机器学习模型提供动力。一般来说，这意味着要与业务团队（尤其是行业专家）紧密合作，为手头的项目确定正确的数据，并可能还要准备使用。另一方面，他们与数据科学家紧密合作，来解决在生产中任何可能导致模型表现不理想的数据管道问题。

鉴于数据工程师在机器学习模型生命周期中所扮演的核心角色（支撑构建和监控部分），MLOps 可以显著提高效率。数据工程师不仅需要了解生产中部署的所有模型的性能，还需要具有将其进一步发展并深入到各个数据管道中以解决任何潜在问题的能力。

理想情况下，为了最大限度地提高数据工程师（以及其他所有人，包括数据科学家）的效率，MLOps 不应该仅由简单的监控部分组成，而应成为研究和调整机器学习模型底层系统的桥梁。

2.4 软件工程师

将传统的软件工程师排除在 MLOps 之外很容易，但是从更广泛的组织角度来看，考虑他们的需求来建立企业级凝聚力的机器学习战略至关重要。

软件工程师通常不构建机器学习模型。但另一方面，大多数组织不仅生产机器学习模型，还生产传统软件和应用程序。重要的是，软件工程师和数据科学家必须共同努力，以确保大型系统的正常运行。毕竟，机器学习模型不是独立的实验，机器学习代码、训练、测试和部署必须适合软件其余部分正在使用的持续集成／持续交付（CI/CD）管道。

例如，考虑一家零售公司，该公司为其网站构建了基于机器学习的推荐引擎。机器学习模型是由数据科学家建立的，但是要将其集成到站点的更大功能中，则必须要涉及软件工程师。同样，软件工程师负责整个网站的维护，其中很大一部分包括生产中机器学习模型的功能。

考虑到这种相互作用，软件工程师需要 MLOps 为他们提供模型性能的详细信息，作为企业软件应用程序性能版图的一部分。MLOps 是一种让数据科学家和软件工程师使用相同的语言相互交流的方式，他们对跨企业分别部署的不同模型如何在生产中协同工作有相同的基础理解。

对软件工程师来说，其他重要的特征还包括：版本控制，以确保他们当前正在处理的事情；自动测试，以确保他们当前正在处理的工作正在运行；在同一应用程序上并行工作的能力（这要归功于允许分支和合并的系统，如 Git）。

2.5 DevOps 团队

MLOps 源自 DevOps 原理，但这并不意味着它们可以作为完全独立且孤立的系统并行运行。

DevOps 团队在机器学习模型生命周期中扮演两个主要角色。首先，他们是执行和构建操作系统以及进行测试的人员，以确保机器学习模型的性能、安全性和可用性。其次，他们负责 CI / CD 管道管理。这两个角色都需要与数据科学家，数据工程师和数据架构师紧密合作。当然，紧密协作说起来容易做起来难，但这就是 MLOps 可以产生价值的地方。

对于 DevOps 团队，需要将 MLOps 集成到企业较大的 DevOps 战略中，以弥补传统 CI/CD 与现代机器学习之间的差距。这意味着两个系统在根本上是互补的，并且 DevOps 团队可以自动化测试机器学习，就像他们可以自动化测试传统软件一样。

2.6 模型风险管理者 / 审计师

在某些行业（尤其是金融服务行业）中，模型风险管理（MRM）功能对于监管合规性至关重要。但是，我们不仅应该关注高度监管的行业或者具有类似情况的行业。MRM 可以保护任何行业的公司免受性能不佳的机器学习模型带来的灾难性损失的影响。此外，审计在许多行业中都扮演着重要角色，并且可能需要大量人力，而这正是 MLOps 发挥作用的地方。

当涉及机器学习模型的生命周期时，模型风险管理者不仅要分析模型结果，而且还要分析机器学习模型试图解决的初始目标和业务问题，以最大限度地降低公司的整体风险。他们应该在生命周期的一开始就与行业专家一起参与进来，以确保基于机器学习的自动化方法本身不会带来风险。

而且模型风险管理者在监控（模型生命周期中更传统的位置）中扮演着一定的角色，确保模型一旦投入生产，风险就会被控制住。在构思和监控之间，MRM 也是模型后期开发和预生产的一个因素，以确保初步符合内部和外部要求。

MRM 专业人员和团队可以从 MLOps 中受益匪浅，因为他们的工作通常是费力的手工操作。由于 MRM 及其合作团队经常使用不同的工具，因此标准化可以极大地提高审计和风险管理的速度。

当涉及特定的 MLOps 需求时，最主要的是所有模型（无论它们当前正在生产还是在过去已生产）中都会使用的强大的报告工具。此报告不仅要包括性能详细信息，还要包括查看数据沿袭的功能。自动化报告对 MLOps 系统和流程中的 MRM 和审核团队的效率提升有额外的帮助。

2.7 机器学习架构师

传统的数据架构师负责了解整个企业架构，并确保其满足整个企业对数据的需求。他们通常在定义如何存储和使用数据方面发挥作用。

如今，对架构师的要求越来越高，他们不仅需要了解数据存储和使用的输入输出，而且还必须了解机器学习模型如何协同工作。这给他们这个角色增加了很多复杂性，并增加了他们在 MLOps 生命周期中的责任，这就是为什么在本部分中，我们称他们为机器学习架构师，而不是传统的"数据架构师"。

机器学习架构师在机器学习模型生命周期中扮演着至关重要的角色，从而确保了模型管道的可扩展和灵活的环境。此外，数据团队需要他们的专业知识来引入新技术（在适当的时候），以提高生产中的机器学习模型性能。出于这个原因，数据架构师的职位还不够。他们需要对机器学习（不仅是企业架构）有深入的了解，才能在机器学习模型生命周期中发挥关键作用。

这个角色需要整个企业的协作，从数据科学家和工程师到 DevOps 和软件工程师。如果不完全了解这些人和团队中每个人的需求，机器学习架构师就无法正确分配资源以确保生产中机器学习模型的最佳性能。

对于 MLOps，机器学习架构师的作用是对资源分配进行集中管理。由于他们扮演着确定战略战术的角色，因此需要对情况进行概述以识别瓶颈，并利用这些信息来寻求长期的改进。他们的职责是确定可能的新技术或基础设施进行投资，而不一定是那些无法解决系统可扩展性核心问题的快速操作解决方案。

结语

MLOps 不仅仅适合数据科学家使用，组织中的不同专家组不仅在机器学习模型的生命周期中扮演角色，而且也在 MLOps 策略中扮演着角色。实际上，从业务方面的行业专家到技术最先进的机器学习架构师，每个人在生产中机器学习模型的维护中都起着至关重要的作用。其不仅要确保机器学习模型获得最佳结果（好的结果通常会导致对基于机器学习的系统的更多信任以及增加的预算），而且更重要的是，保护企业免受来自机器学习模型带来的第 1 章中概述的风险。

第 3 章

MLOps 的主要组成部分

Mark Treveil

MLOps 影响着整个组织的许多不同角色，反过来也会影响机器学习生命周期的不同部分。本章将较详细地介绍 MLOps 的五个关键组成部分，分别为（开发、部署、监控、迭代和治理）。在此基础上，第 4 ~ 8 章将更深入地探讨这些组成部分的更多技术细节和要求。

3.1 机器学习入门

要了解 MLOps 的关键功能，首先必须了解机器学习的工作原理，并熟悉机器学习的特殊性。尽管机器学习作为 MLOps 的一部分的作用总是被忽视，但其实算法选择（即机器学习模型的构建方式）可能会对 MLOps 过程产生直接的影响。

机器学习的核心是一门计算机算法科学，它可以自动学习并从经验中改进，而不是通过明确的编程。算法分析样本数据，也就是所谓的训练数据，建立一个可以做出预测的软件模型。

例如，一个图像识别模型可以通过搜索照片中可用于区分电表类型的关键图案来区分各种电力仪表。另一个具体的示例是保险推荐模型，它可以通过分析与推荐对象相似的客户以前的购买行为记录来向其推荐额外的保险产品。

当面对看不见的数据（无论是照片还是客户）时，机器学习模型会基于这些数据与先前数据相关性的假设，使用从先前数据中学到的知识做出最佳的预测。

机器学习算法使用广泛的数学技术，模型可以采取许多不同的形式，从简单的决策树到逻辑回归算法，再到更复杂的深度学习模型（详细内容见 4.1 节）。

3.2 模型开发

让我们从整体上更深入地研究机器学习模型开发，以更全面地了解其组成部分，所有这些组成部分在部署后都会对 MLOps 产生影响。

3.2.1 建立业务目标

机器学习的模型开发过程通常从建立业务目标开始，业务目标可能非常简单，比如将欺诈交易的占比减小到小于 0.1% 或具有在社交媒体照片上识别人脸的能力。业务目标自然伴随着性能目标、技术基础设施要求和成本限制，这些因素可作为 KPI 来监控最终开发出的模型的业务性能。

重要的是要认识到 ML 项目不是凭空产生的，它们通常是一个更大项目的一部分，这个项目反过来会影响技术、流程和人员。这意味着建立目标的一部分还包括变更管理，这甚至可以为如何构建 ML 模型提供一些指导。例如，所需的透明度将极大地影响算法的选择，并可能推动提供解释和预测的需求，从而使预测转化为业务层面的有价值的决策。

3.2.2 数据源与探索性数据分析

有了清晰的业务目标后，业务专家与数据科学家就可以开始寻找开发机器学习模型所需要的相关数据了，然而寻找数据的任务可能十分艰巨，因为它包含了以下关键问题：

- 有哪些相关的数据集？

- 这些数据是否足够准确可靠？

- 利益相关者如何才能访问到这些数据？

- 通过组合多个数据源可以使用哪些数据属性（即特征）？

- 这些数据是实时的吗？

- 是否有必要将某些数据标记为"基本事实"（ground truth）？无监督学习与有监督学习哪个更有意义？标注所花费的时间和资源怎么计算？

- 应该使用什么平台？

- 部署模型后如何更新数据？

- 使用模型会降低数据的代表性吗？

- 建立在业务目标上的 KPI 如何进行衡量？

数据治理的约束还会带来更多的问题：

- 所选择的数据集是否被允许用于此商业目的？

- 是否有相关使用条款？

- 是否需要删除或匿名化数据中的个人信息（PII）？

- 此业务环境中是否存在不能合法使用的信息（比如性别）？

- 少数人群是否有足够的代表性，使得该模型在不同群体中都有相似的性能？

由于数据是支持机器学习算法的基本要素，因此在尝试训练模型之前，建立对数据模式的理解很有帮助。探索性数据分析（EDA）技术可以帮助建立有关数据的假设，确定如何进行数据清理以及选择潜在的重要特征。如果需要更严格的要求，EDA 可以通过视觉进行直观的洞察和统计。

3.2.3 特征工程与特征选择

探索性数据分析自然而然就会导致特征工程与特征选择。特征工程是从选定的数据集中获取原始数据并将其转换为可以更好地表示要解决的基本问题的"特征"的过程。"特征"是固定维度的数据数组，因为它是机器学习算法唯一能理解的对象。特征工程包含数据清洗，就花费的时间而言，它可以代表一个机器学习项目的最大部分。详情请见 4.3 节。

3.2.4 训练与评估

通过特征工程和特征选择进行数据准备后，就可以对模型进行训练了。训练和优化一个新的机器学习模型的过程是迭代的。具体的过程包括测试多种算法、自动生成特征、调整特征选择，以及调整算法的超级参数等。训练的迭代性质，决定了训练是机器学习模型生命周期中计算量最大的步骤。

由于迭代时跟踪每个实验的结果是非常复杂的过程，对于数据科学家而言，没有什么比由于无法追溯精确的配置而不能复现最佳结果更令人沮丧的了，因此实验跟踪工具可以极大地简化数据记忆、特征选择、模型参数，以及对应的模型性能。这使得实验能够并排地比较，以确定最佳的方案。

确定最优方案既需要定量标准（如准确率或平均误差量），也需要定性标准（如算法的可解释性或其部署的便利性）。

3.2.5 再现性

尽管许多实验可能是短暂的，但需要保存模型的重要版本以备后用。这里的挑战是再现性，这是一般实验科学中的重要概念。机器学习的目的是保存有关模型开发环境的足够信息，以便可以从头开始复制模型，得到相同的结果。

如果一个模型没有再现性，数据科学家几乎没有机会能够对其进行置信迭代，更糟糕的是，他们不太可能将模型交付给 DevOps 以查看在实验室中创建的东西是否能够在生产环境中准确地再现。再现性要求保存所有与模型相关的参数，还有记录软件运行的环境。详细内容见 4.6 节。

3.2.6 负责任的人工智能

能够复制模型只是运营化挑战的一部分，DevOps 团队还需要了解如何验证模型（即模型做什么，应该如何测试它，以及预期的结果是什么？）。那些受到高度管制的行业中的人可能需要记录更多的细节，包括模型是如何建立和如何调整的。在关键情况下，可以独立地记录和重建模型。

文档仍然是应对这一沟通挑战的标准解决方案。模型的文档自动匹配生成，即工具自动创建与任何训练模型相关的文档，可以减轻任务的繁重程度。但是在几乎所有的情况下，一些文档需要手写来解释所做的选择。

ML 模型难以理解，这是其统计性质的一个基本结果。虽然模型算法带有评估其有效性的标准性能度量方法，但这些并不能解释预测是如何做出的。"解释预测是如何做出的"作为一种检查模型或帮助更好地实现设计功能的方法很重要，它也可能是确保满足公平要求（例如，围绕像性别、年龄或种族这样的特征）的必要方法。这是可解释性的领域，与第 1 章中讨论的负责任的人工智能有关，这将在第 4 章中详细讨论。

随着全球对无约束人工智能影响的日益关注，可解释性技术变得越来越重要。它们提供了一种减轻不确定性和帮助防止意外后果的方法。目前最常用的技术包括：

- 部分相关图，观察特征对预测结果的边际影响。
- 子群体分析，即观察模型如何处理特定的子群体，这是许多公平分析的基础。
- 单个模型预测，如夏普利值（*https://oreil.ly/OC8OK*），它解释了每个特征的值如何影响特定的预测。
- 假设分析，帮助 ML 模型用户理解预测对其输入的敏感性。

正如我们在这一节中所看到的，尽管模型开发很早就开始了，但它仍然是合并 MLOps 实践的重要位置。在模型开发阶段提前完成的任何 MLOps 工作都将使模型更容易管理（尤其是在推向生产时）。

3.3 产品化与部署

区别于开发机器学习模型，产品化与部署模型是 MLOps 中另一个重要部分，主要由软件工程师以及 DevOps 团队联合进行。同时他们与数据科学家团队之间的沟通也不可忽视，如果团队之间没有有效的合作，部署的延迟或失败是不可避免的。

3.3.1 模型部署类型和内容

为了理解在这些阶段中发生了什么，弄清楚这样的问题是很有帮助的：进入生产阶段的具体内容是什么？模型由什么组成？模型部署类型通常有两种：

模型即服务或实时评分模型：

   将模型部署到一个简单的框架中，提供实时响应请求的 REST API 接口，同时 API 可以从中访问其执行任务所需要的资源。

嵌入式模型

   模型被打包到应用程序中发布，例如用于批量评分请求的应用程序。

需要部署的模型通常包含着代码（Python、R 或者 Java）和相应的数据工件。其对不同的运行和生产环境，以及环境中匹配的不同版本的程序包都有较高的依赖性，因为不同的版本可能会导致模型的预测结果不同。

减少对生产环境依赖的一种方法是将模型导出为可移植的格式，如 PMML、PFA、ONNX 或 POJO。这些旨在提高系统之间的模型可移植性并简化部署。然而，它们是有代价的：每种格式支持有限范围的算法，有时可移植模型的行为方式与原始模型略有不同。是否使用可移植格式，取决于对技术和商业环境的透彻理解。

容器化

容器化是一种越来越受欢迎的解决方案，它解决了部署多模型时依赖关系的难题。Docker 等容器技术是虚拟机的轻量级替代方案，允许应用程序部署在独立、自包含的环境中，与每个模型的确切要求相匹配。

它们还支持使用蓝绿部署技术无缝部署新模型[注1]。模型的计算资源也可以使用多容器进行弹性扩展。编排许多容器是 Kubernetes 等技术的作用，既可以在云中使用，也可以在内部使用。

3.3.2 模型部署要求

对于模型的部署生产而言，快速与自动化相较于大量的人力劳动是更好的选择。

注 1：蓝绿部署的更多信息，请参见 Martin Fowler 的博客（*https://oreil.ly/Uuobx*）。

较短寿命的自助服务型应用程序通常不需要测试与验证。如果模型的最大资源需求在安全范围内，那么可以使用 Linux cgroups 等技术来实现完全自动化的单步推送部署。还可以使用 Flask 等框架处理简单的用户界面来进行轻量级的模型部署。随着集成数据科学和机器学习平台的出现，一些业务规则管理系统也可能允许一些基本的 ML 模型的自动部署。

面向用户且任务重要的应用需要更强大的持续集成和持续交付管道，包括：

- 确保所有代码、文档和签署都符合标准。
- 在类似生产环境的环境中重新创建模型。
- 重新验证模型的准确性。
- 进行解释性检查。
- 确保满足了所有治理要求。
- 检查数据工件的质量。
- 测试负载下的资源使用情况。
- 嵌入到包括集成测试的更复杂的应用程序中。

受严格监管的产业（如金融，制药业）会有更广泛的管理和监管检查，同时可能会存在人为干预的可能性。尽可能自动化 CI/CD 管道，不仅可以加速模型的部署过程，还可以进行更广泛的回归测试，以减少部署中产生错误的可能性。

3.4 监控

当模型部署到生产后，需要一直能保持良好的性能。但对于不同的人（如数据科学家、DevOps 专家）以及整个企业来说，保持良好性能有着不同的含义。

3.4.1 DevOps 问题

DevOps 团队的问题包括以下方面：

- 模型完成工作的速度是否够快？

- 内存的使用与运行时间是否合理？

对于传统的 IT 性能监控，机器学习模型的资源需求与传统软件的区别不大，因此 DevOps 团队可以将现有的监控和资源管理知识应用于机器学习模型的监管。

计算资源的可扩展性可能是一个重要的考虑因素，例如，如果你在生产中对模型进行再训练。深度学习模型比更简单的决策树有更大的资源需求。但是总的来说，DevOps 团队中用于监控和管理资源的现有专业知识可以很容易地应用到 ML 模型中。

3.4.2 数据科学家角度的问题

数据科学家之所以对监控 ML 模型感兴趣，是出于一个新的、更具有挑战性的原因：它们可能会随着时间的推移而退化，因为 ML 模型实际上是它们被训练的数据的模型。这不是传统软件面临的问题，但这是机器学习的固有问题。ML 数学对训练数据中的重要模式建立了一种简明的表示，并希望这是现实世界的良好反映。如果训练数据很好地反映了现实世界，那么模型应该就是准确的，进而是有用的。

然而现实世界的数据并不是停滞不前的。六个月前用来建立欺诈检测模型的训练数据不会反映最近三个月开始发生的一种新型欺诈。如果一个网站开始吸引越来越年轻的用户群，那么一个产生广告的模型可能会产生越来越少的相关广告。在这个时候，模型性能将变得不可接受，所以模型再训练很有必要。模型需要多长时间进行再训练取决于现实世界变化的速度和模型需要的精确度，但重要的是，还取决于构建和部署一个更好的模型的难易程度。

数据科学家判断模型性能下降的方式主要有两种：基于基本事实或基于输入漂移。

基本事实

即模型对要解决的问题应给出的正确答案，例如判断某信用卡交易是否为欺诈。在了解了一个模型所做的所有预测的基本事实后，人们就可以判断该模型表现如何。

然而在真实世界中，获取基本事实可能并不容易，而且可能存在延迟，例如持卡人可能在事件发生后一个月才会意识到欺诈的发生，那么这种基于基本事实的方式就不便于数据科学家准确地监控模型的性能。如果情况需要快速反馈，那么输入漂移可能是一个更好的方法。

输入漂移

模型仅在被训练的数据准确反映了真实世界的情况下才能准确预测。因此，如果已经部署的模型的最新请求与训练数据相比有着较为明显的差异，那么模型性能很有可能受到了影响。此种方式的优点在于，测试所需的所有数据已经存在了，不需要等待基本事实的反馈或者其他信息就可以进行模型监控。

识别漂移是适应性强的 MLOps 战略中最重要的组成部分之一，它可以给组织的人工智能工作带来总体上的灵活性。详细内容见第 7 章。

3.4.3 商业问题

商业方面更多的是从整体角度来看待问题，例如：

- 该模型是否为企业带来了价值？
- 该模型带来的利润是否大于开发和部署的成本？（如何进行衡量？）

建立基于原始业务目标的 KPI 是业务监控过程的一部分。在我们前面的例子中，将欺诈交易的占比减小到 0.1% 以下的目标依赖于建立基本事实。但是这种监控无法回答业务净收益为多少的问题。

这对软件来说是一个由来已久的挑战，随着 ML 支出的不断增加，数据科学家证明价值的压力只会越来越大。在没有"计价器"的情况下，有效地监控业务 KPI 是可用的最佳选择（参见 10.3 节）。基线的选择在这里很重要，理想情况下应该考虑到 ML 子项目的价值差异，而不是全局项目的价值差异。例如，可以根据基于行业专业知识和规则的决策模型来评估 ML 的性能，以区分决策自动化和 ML 本身的贡献。

3.5 迭代与生命周期

开发和部署模型的改进是 MLOps 生命周期的重要组成部分，也是更具有挑战性的过程。开发新版本的模型有多种原因，例如由于模型漂移导致的模型性能下降，或者是业务目标与 KPI 需要更新，也可能是数据科学家想到了更优的模型设计方案等。

3.5.1 迭代

在某些快速发展的业务环境中，每天都会产生新的训练数据。模型的日常再训练和重新部署通常是自动化的，以确保模型尽可能地反映最近的经验。

使用最新的训练数据对现有模型进行再训练是迭代模型版本最简单的方案。虽然特征选择或算法没有改变，但是仍然有许多问题，特别是：

- 新的训练数据是否符合预期？通过预定义的指标和检查对新数据进行自动验证至关重要。

- 数据是否完整且连续一致？

- 新数据的特征分布与之前的训练集是否一致？需要谨记，迭代的目的是改进模型，而不是从根本上改变模型。

在构建出新的模型后，需要将其指标与当前的版本进行比较，在同一个数据集上评估两个模型。如果这两个版本存在着较大的差异，则不应当自动部署新脚本，而是需要数据科学家手动干预。

即使在具有新训练数据的"简单"自动再训练场景中，也需要基于评分数据协调（当有基本事实时）、数据清理和验证、以前的模型版本，以及经过仔细检查的多个开发数据集。在其他场景中进行再训练可能会更加复杂，因此不太可能实现自动重新部署。

例如，考虑由检测到的显著输入漂移而激发的再训练。如何改进模型？如果有新的训练数据，那么使用这些数据进行再训练就是具有最高成本收益率的行动，这可能就足够了。然而，在获取基本事实较慢的场景中，可能很少有新的标记数据。

在这种情况下，数据科学家需要了解漂移的原因，并研究如何调整现有的训练数据以更准确地反映最新的输入数据。评估由这种变化产生的模型是很困难的。数据科学家必须花时间评估情况，时间会随着建模债务的增加而增加，还要估计对性能的潜在影响，并设计定制的缓解措施。例如，删除一个特定的特征或对现有的训练数据进行采样可能会产生一个更好的优化模型。

3.5.2 反馈回路

在大型企业中，DevOps 最佳实践通常规定实时模型的评分环境和模型的再训练环境是不同的。因此，在再训练环境下会对新模型版本的评估造成一定影响。以下介绍几种减轻这种影响的测试方法：

在阴影测试（Shadow Testing）中，将新模型版本与现有版本一起部署到实时环境中。所有实时评分均由现有模型版本处理，但是每个新请求都将由新模型版本再次评分，但结果不会返回给请求者，而是会被记录下来。一旦两个版本都对足够的请求进行评分，就可以对结果进行统计比较。阴影评分还可以为行业专家针对模型的未来版本提供更多可见性，使产品的过渡更加顺畅。

在前面讨论的广告生成模型中，如果不让最终用户点击广告，就无法判断模型推送的广告是好是坏。在这种用例中，阴影测试的优势有限，而 A/B 测试则更为常见。

在 A/B 测试中，两个模型都部署到实时环境中，但是输入请求在两个模型之间分配。每个请求都由一个或另一个模型（而不是两者一起）处理。记录两个模型的结果以进行分析（但不要用于相同的请求）。要想从 A/B 测试得出具有统计意义的结论，需要非常仔细地设计测试方法。

第 7 章将更详细地介绍 A/B 测试的方法，但作为预览，最简单的 A/B 测试形式通常被称为固定水平线测试。这是因为数据科学家必须等到特意预定次数的样本数量被测试过后，才能寻找具有统计学意义的结论。在测试完成之前"窥视"结果是不可靠的。但是，如果测试是在商业环境中实时运行的，那么每个错误的预测都可能要花钱，因此无法及早地停止测试可能会增加成本。

贝叶斯测试（多臂赌博机测试），是一种越来越流行的"频率"固定水平线测试的替代方法，目的是更快得出结论。多臂赌博机测试是自适应的：决定模型之间划分的算法会根据实时结果进行调整，并减少表现欠佳的模型的工作量。尽管多臂赌博机测试更为复杂，但它可以降低向性能较差的模型发送流量的业务成本。

在边缘上迭代

在部署到数百万设备（如智能手机、传感器或汽车）上的机器学习模型上迭代，给企业信息技术环境中的迭代带来了不小的挑战。一种方法是将来自数百万个模型实例的所有反馈传递到一个中心点，并集中执行训练。运行在 50 多万辆汽车上的特斯拉自动驾驶系统（*https:// oreil.ly/ 7jWqk*）正是这样做的。它们 50 个左右的神经网络的完全再训练需要 70 000 个 GPU 小时。

谷歌对其智能手机键盘软件 GBoard 采取了不同的方法：不是集中再训练，而是每一部智能手机都在本地进行再训练，并集中向谷歌发送其发现的改进总结。每个设备的这些改进都是平均的，共享模型也在更新。这种联合学习方法意味着单个用户的个人数据不需要集中收集，每个手机上的改进模型可以立即使用，并且降低了整体功耗。

3.6 治理

治理是确保企业能履行从股东和雇员到公众和国家政府的利益相关者的所有责任的一套控制手段。这些责任包括了金融责任、法律责任以及道德义务责任。这三者的基础是公平原则。

法律义务是最容易理解的。早在机器学习出现之前，企业就受到法规的限制。许多法规针对特定行业，例如，金融法规旨在保护公众和更广泛的经济免受金融管理不善和欺诈的影响，而制药行业必须遵守保护公众健康的规定。商业实践受到更广泛的立法的影响，这些立法旨在保护社会弱势群体，并确保基于性别、种族、年龄或宗教等标准的公平竞争环境。

最近，世界各地的政府已开始制定法规以保护公众免受企业使用个人数据的影响。如 2016 年欧盟颁布的《通用数据保护条例》(GDPR) 和 2018 年美国加州颁布的《加州消费者隐私法案》(CCPA) 就代表了这一趋势，并且它们对机器学习的影响（由于它完全依赖于数据）巨大。例如，GDPR 试图保护个人数据不被工业滥用，目的是限制对个人的潜在歧视。

GDPR 原则

GDPR 制定了个人数据处理的原则。值得一提的是，CCPA 的制定是为了紧密反映其原则，尽管它确实与 GDPR 有一些显著的差异[注2]。处理包括个人数据的收集、存储、更改和使用。这些原则是：

- 合法性、公平性和透明度

- 目的限制

- 数据最小化

- 准确性

- 存储限制

- 完整性和保密性（安全性）

- 问责制

各国政府现在开始将监管目光转向 ML，希望减轻其使用的负面影响。欧盟正在牵头立法，以界定各种形式的人工智能的可接受用途。这并不一定是为了减少使用，例如，人脸识别技术目前受到数据隐私法规的限制，但它可能会带来一些有益的应用。但很明显的是，企业在应用 ML 时必须注意更多的法规。

除了正式立法，企业是否还关心对社会的道德责任？从当前环境、社会和治理（ESG）绩效指标的发展中可以看出，答案是肯定的。信任对消费者很重要，而缺乏信任则对企业不利。随着公众对这一主题的积极参与，企业开始

注 2：GDPR 与 CCPA 之间差异的详细信息见（*https://oreil.ly/zS706*）。

接触负责任的人工智能，即合乎道德、透明和负责任的人工智能技术应用。对利益相关者来说，信任也很重要。ML 的风险即将被全面披露。

将良好的治理应用于 MLOps 十分具有挑战性。它的特征是：流程复杂、技术不透明，以及对数据的依赖是基础。MLOps 中的治理措施大致可分为以下两类：

数据治理
　　确保适当使用和管理数据的框架。

过程治理
　　使用定义良好的流程，以确保在模型生命周期的正确点上解决所有的治理问题，并保存完整而准确的记录。

3.6.1 数据治理

数据治理关注所使用的数据，尤其是用于模型训练的数据，它可以解决以下问题：

- 数据的来源是什么？

- 原始数据是如何收集的，使用的条款是什么？

- 数据是否准确和最新？

- 是否存在不应使用的个人身份信息（PII）或其他形式的敏感数据？

ML 项目通常涉及重要的管道，包括数据清理、汇总和转换步骤。理解数据沿袭是复杂的，尤其是在功能层面，但这对于遵守 GDPR 式的法规是必要的。团队（以及更广泛的组织，因为它在高层也很重要）如何确保没有 PII 被用来训练给定的模型？匿名或伪匿名数据并不总是管理个人信息的有效解决方案。如果这些过程没有正确执行，仍然有可能从中挑出一个人和他的数据，这违反了 GDPR 的要求[注3]。

注 3：关于匿名化、伪匿名化以及为什么它们不能解决所有数据隐私问题的更多信息，我们推荐 Dataiku 的 *Executing Data Privacy-Compliant Data Projects*（*https://oreil.ly/bK1Yu*）。

尽管数据科学家的初衷是好的，但模型中的不恰当的偏见可能会在很意外的情况下出现。众所周知，ML 招聘模式歧视女性，认为某些学校——全是女子学校——在公司的高层管理中代表性较低，这反映了男性在组织中的历史主导地位[注4]。关键在于，根据经验做出预测是一种强大的技术，但有时结果不仅适得其反，而且是违法的。

可以解决这些问题的数据治理工具还处于起步阶段，其中大多数专注于回答以下两个关于数据沿袭的问题：

- 这个数据集中的信息从何而来？由此可知是否能够使用它。

- 如何使用这个数据集，如果以某种方式改变它，对下游部分有什么影响？

在现实世界的数据准备管道中，这两个问题都不容易全面而准确地回答。例如，如果一个数据科学家写了一个 Python 函数，在内存中处理几个输入数据集，输出一个单独的数据集，如何确定新数据集的每个单元格都是从什么信息中导出来的呢？

3.6.2 过程治理

过程治理的重点是形式化 MLOps 过程中的步骤，并将操作与它们关联起来。一般来说，这些措施包括审查、签署和支持材料（如文件）的提交。有两方面目标：

- 确保每一个与治理相关的决定都是在正确的时间做出的，并正确地执行。例如，在所有验证检查都通过之前，不应该将模型部署到生产环境中。

- 从严格的 MLOps 过程之外进行监督。审计员、风险经理、合规官和整个企业都希望能够跟踪进展并在稍后阶段审查决策。

有效实施过程治理是困难的：

- ML 生命周期的正式流程很难准确定义。对整个过程的理解通常由许多相关的团队来完成，通常没有人能够对整个过程都有详细的理解。

- 为了成功地应用这个过程，每个团队都必须愿意全心全意地采用它。

注4：2018 年，亚马逊因一个人工智能招聘工具对女性有偏见而废除了它（*https://oreil.ly/tI5Sy*）。

- 如果这个过程对于某些用例来说太重了，那么团队肯定会推翻它，而且会失去很多利益。

今天，过程治理最常见于传统上法规和遵从性负担繁重的行业，例如金融。除此之外，过程治理是很少见的。随着机器学习逐渐渗透到商业活动的各个领域，以及人们对"负责任的人工智能"（Responsible AI）的日益关注，我们将需要能够适用于所有企业的创新解决方案来解决这个问题。

结语

本章对 MLOps 的特征和 MLOps 的工作流程进行了概述。这显然不是数据团队——甚至是数据驱动的组织——可以忽略的东西，也不是要核对清单的项目，而是一项需要技术、流程和人员之间相互协作的复杂工作，需要自制力和时间才能正确完成。

以下各章将更深入地探讨 MLOps 中发挥作用的每个 ML 模型生命周期组成部分，从而介绍如何完成每个组成部分，以更接近理想的 MLOps 实现。

如何实现

第 4 章

开发模型

Adrien Lavoillotte

任何想认真对待 MLOps 的人都至少需要对模型开发过程有粗略的了解,在图 4-1 中作为更大的机器学习模型项目生命周期的一个元素给出。根据不同的情况,模型开发过程的范围可能从非常简单到极其复杂,并且它会影响到模型的后续使用、监控和维护的约束条件。

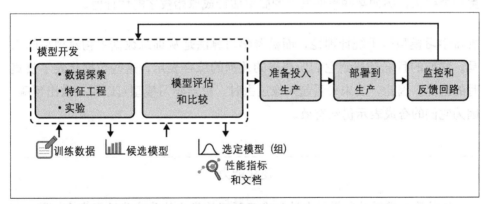

图 4-1:在机器学习项目生命周期环境下的模型建立

数据收集的过程对模型剩余生命周期的影响是非常直接的,并且很容易看出模型是如何过时的。对于模型的其他部分,影响可能不太明显。

例如,以特征创建为例,向模型输入一个日期和一个指示该日期是否为公众假期的标记可能会在模型性能上产生很大差异,但在更新模型时也会受到明显不同的约束。或考虑用于评估和比较模型的指标如何能够根据情况需要自动切换到可能的最佳版本。

因此，本章涵盖了模型开发的基础知识，特别是在 MLOps 的环境中，如何构建和开发模型，使 MLOps 注意事项更容易实现。

4.1 什么是机器学习模型

机器学习模型在学术界和现实世界（即商业环境）中都已经被充分地使用了，所以，区分它们在理论上代表了什么以及在实践中如何实现是很重要的。让我们基于第 3 章中已经看到的内容深入研究这两个方面。

4.1.1 理论上

机器学习模型是现实的投影，也就是说，它是真实事物或过程的某些方面的部分或近似表示。表示哪些方面通常取决于可用和有用的内容。一个机器学习模型一旦经过训练就会提炼出一个数学公式，当得到一些输入时，就会产生一个结果，例如某些事件发生的概率估计或原始数字的估计值。

机器学习模型基于统计理论，而机器学习算法是从训练数据中构建模型的工具。它们的目标是找到它们所获得的数据的综合表示，这些数据代表了收集时的世界。因此，当未来看起来像过去时，机器学习模型可以用来做出预测，因为它们的合成表示仍然有效。

泛化能力

机器学习模型对新鲜样本进行准确预测的能力被称为其泛化能力。即使当产生的输出像训练数据集中不存在的斑马条纹的马[注1]，它们也是通过建模概率分布来实现的，这使得它们具有这种令人惊讶的泛化能力。

机器学习模型如何预测和推广的一个常用的例子是房价。当然，房屋的售价将取决于太多因素，这些因素太过复杂，难以精确建模，但是要建立一个足

注 1：CycleGAN（循环一致性对抗网络）是朱俊彦（AI 领域年轻学者）、Taesung Park、Phillip Isola 和 Alexei A.Efros 最近研究的实现（*https://oreil.ly/7A_qd*）。

够有用的模型就不那么困难了。该模型的输入数据可能是房屋固有的东西，例如占地面积、卧室和浴室的数量、建成年份、位置等，还可能是其他更多相关信息，例如销售时的房屋市场状况、卖家是否着急等。有了足够完整的历史数据，而且如果市场状况没有太大变化，那么算法可以计算出一个提供合理估计的公式。

另一个常见的例子是健康诊断或预测，即某人将在给定的时间内患某种疾病。这种分类模型往往输出某一事件的概率，有时还带有置信区间。

4.1.2 实践上

模型是一系列重建和应用公式所必需的一组参数。它通常是无状态的和确定性的（即，相同的输入总是提供相同的输出，但有一些例外，详细信息见7.1 节）。

这包括最终公式本身的参数，但也包括从输入数据（将被馈送到模型）到最终公式 [将产生一个值加上可能的派生数据（如分类或决策）] 的所有转换。在实践中给出这样的描述，模型是否基于 ML 通常没有什么区别：它只是一个应用于输入数据的可计算的数学函数，一次一行。

例如，在房价案例中，为每个邮政编码收集足够的价格数据以获得在所有目标地点都足够精确的模型可能是不实际的。相反，也许邮政编码将被一些被认为对价格有最大影响的衍生输入所取代，比如平均收入、人口密度或靠近一些便利设施。但由于最终用户将继续输入邮政编码，而不是这些派生的输入，因此，无论出于何种目的，所有这些转换也是定价模式的一部分。

输出也可以比单个数字更丰富。例如，检测欺诈的系统通常会提供某种概率（在某些情况下可能还会提供置信区间），而不是二进制答案。根据欺诈的可接受性和后续验证或拒绝交易的成本，可以将其设置为仅在概率达到某个微调阈值时对欺诈实例进行分类。一些模型甚至包括建议或决策，比如向游客展示哪种产品可以最大限度地增加消费，或者哪种治疗可以提供最可能的恢复。

所有这些转换和相关数据在某种程度上都是模型的一部分。然而，这并不意味着它们总是捆绑在一个整体的软件包中，作为一个单独的工件一起编译。这可能会很快变得难以处理，而且，这些信息的某些部分带有不同的约束条件（不同的刷新率、外部来源等）。

4.1.3 所需组成部分

建立机器学习模型需要许多部分，如概述表 4-1 所示。

表 4-1：机器学习模型的所需组成部分

机器学习组成部分	描述
训练数据	训练数据通常用被建模的例子（监督学习）来标记预测情况。这听起来可能很明显，但拥有良好的训练数据是很重要的。第二次世界大战期间受损飞机的数据（*https://oreil.ly/sssfA*）就是一个很好的例子，它受到幸存者偏见的影响，因此不是很好的训练数据
性能指标	性能指标是正在开发的模型寻求优化的指标。应当谨慎选择，以避免意想不到的后果，例如眼镜蛇效应（*https://oreil.ly/DYOss*，以著名的轶事命名，对死眼镜蛇的奖励导致某些人繁殖它们）。例如，如果 95% 的数据是 A 类，则对原始的精度进行优化可能会生成一个始终预测是 A 且精度是 95% 的模型
机器学习算法	有各种各样的模型，以各种方式工作，并有不同的利弊。值得注意的是，有些算法比其他算法更适合某些任务，但它们的选择也取决于需要优先考虑的因素：性能、稳定性、可解释性、计算成本等
超参数	超参数是 ML 算法的配置。该算法包含基本公式，所学习的参数是组成该公式以用于特定预测任务的运算和操作数，而超参数是算法可以用来查找这些参数的方法 例如，在决策树中（根据到达此路径的子集中的最佳预测，数据继续被分割成两部分），其中一个超参数是树的深度（即分割的数量）
数据评估	当使用标记的数据时，将需要与训练集不同的评估数据集，以评估模型在看不见的数据上的表现（即它的泛化能力如何）

每个独立组成部分的数量和复杂性是使优秀的 MLOps 成为一项具有挑战性的事业的一部分。但复杂性还不止于此，因为算法选择是另一个难题。

不同的 ML 算法，不同的 MLOps 挑战

ML 算法都有一个共同点，就是对过去数据中的模式进行建模以做出推断，而这种经验的质量和相关性是影响其有效性的关键因素。它们的不同之处在于每种算法都有特定的特征，并在 MLOps 中提出不同的挑战（见表 4-2）。

表 4-2：按算法类型列出的 MLOps 注意事项

机器学习算法类型	名称	MLOps 问题
线性	线性回归	存在过拟合的可能性
	逻辑回归	存在过拟合的可能性
基于树的	决策树	可能是不稳定的——数据的小变化可能会导致最佳决策树的结构发生大变化
	随机森林	预测可能难以理解，这从负责任的人工智能角度来看是具有挑战性的。随机森林模型的输出预测也可能相对较慢，这可能会给应用程序带来挑战
	梯度提升	像随机森林一样，预测可能很难理解。同样，特征或训练集的微小变化也会在模型中产生根本性的变化
深度学习	神经网络	在可解释性方面，深度学习模型几乎是难以理解的。深度学习算法（包括神经网络）的训练速度也非常慢，并且需要大量能力（和数据）。是否值得使用这些资源，还是一个更简单的模型也同样有效

某些 ML 算法可以最好地支持特定的用例，但是在算法选择中也可能要有算法治理方面的考虑。特别是在必须解释决策的高度管制的环境（例如金融服务）中，不能使用神经网络之类的不透明算法。相反，它们必须支持更简单的技术，例如决策树。在许多用例中，与其说是性能上的权衡，不如说是成本上的权衡。也就是说，更简单的技术通常需要更昂贵的人工特征工程才能达到与更复杂技术相同的性能水平。

计算能力

当谈到机器学习模型开发的组件时，不可能忽略计算能力。有人说飞机的飞行要归功于人类的创造力，但这也要归功于大量的燃料。机器学习也是如此：它的发展与计算能力的成本成反比。

从 20 世纪初的手工计算线性回归到今天最大的深度学习模型，当所需的计算能力可用时，新算法就出现了。例如，像随机森林和梯度增强这样的主流算法都需要 20 年前昂贵的计算能力。

作为交换，它们带来了易用性，这大大降低了开发机器学习模型的成本，从而将新的用例放到了普通组织的能力范围内。数据成本的降低

也有帮助，但这不是第一个驱动因素：很少有算法利用大数据技术，其中数据和计算都分布在大量计算机上，更确切地说，它们中的大多数仍然使用内存中的所有训练数据进行操作。

4.2 数据探索

当数据科学家或分析人员考虑使用数据源来训练模型时，他们需要首先了解数据是什么样的。即使是用最有效的算法训练的模型，也只和它的训练数据一样好。在此阶段，许多问题可能会影响所有或部分数据的使用，包括不完整，不准确，不一致等。

此类过程的示例可以包括：

- 记录数据是如何收集的以及已经做出了哪些假设。
- 查看汇总数据统计信息：每列的域是什么？是否有一些行缺少值？是否有明显的错误？是否有异常离群值？根本没有异常值吗？
- 仔细查看数据分布。
- 清理、填充、整形、过滤、剪切、采样等。
- 检查不同列之间的相关性，对某些子种群进行统计测试，拟合分布曲线。
- 将这些数据与文献中的其他数据或模型进行比较：是否缺少一些常规信息？这些数据是相对分布的吗？

当然，在此过程中需要领域知识来做出明智的决策。如果没有特定的洞见，可能很难发现一些奇怪的地方，而且未经训练的人可能会看不到假设产生的后果。工业传感器的数据就是一个很好的例子：除非数据科学家也是设备的机械工程师或设备专家，否则他们可能不知道什么构成了一个特定机器的正常值与异常值。

4.3 特征工程与特征选择

特征是数据呈现给模型的方式，用来告知模型本身不能推断的东西。表 4-3

展示了如何设计特征的例子。

表 4-3：特征工程类型描述

特征工程类型	描述
衍生特征	从现有信息中推断出新信息，例如，这个日期是星期几
增添特征	添加新的外部信息，例如，这一天是公众假期吗
编码特征	以不同的方式显示相同的信息，例如，星期几或工作日与周末
组合特征	将要素链接在一起，例如，积压的大小可能需要根据其中不同项目的复杂性进行加权

例如，在给定当前积压的情况下尝试估算业务流程的潜在持续时间时，如果输入之一是日期，则很常见的是推导星期几或下一个公共假期离该日期还有多远。如果企业服务于多个地点，这些地点遵循不同的企业日历，则该信息可能也很重要。

另一个示例，要跟进上节中的房价场景，将使用平均收入和人口密度，理想情况下，该模型可以使模型更好地归纳和训练更多种类的数据，而不是试图按区域进行细分（即邮政编码）。

4.3.1 特征工程技术

这种补充数据存在一个完整的市场，远远超出公共机构和公司共享的公开数据。如果某些服务能够提供直接有效的特征，则可以节省大量时间和精力。

然而，在很多情况下，数据科学家的模型所需要的信息是不可用的。在这种情况下，有一些技术，如影响编码，数据科学家可以用该模态的目标平均值来替换该模态，从而允许模型从相似范围的数据中获益（以损失一些信息为代价）。

最终，大多数机器学习算法需要一个数字表作为输入，每一行代表一个样本，所有样本都来自同一数据集。当输入数据不是表格格式时，数据科学家可以使用其他技巧对其进行转换。

最常见的一种是独热编码。例如，一个可以接受三个值（例如，覆盆子、蓝莓和草莓）的特征被转换成三个只能接受两个值——是或否（例如，覆盆子

是 / 否，蓝莓 是 / 否，草莓 是 / 否) 的特征。

另一方面，文本或图像输入需要更复杂的工程。深度学习最近通过提供模型，将图像和文本转换成可被 ML 算法使用的数字表格，从而彻底改变了这一领域。这些表格被称为嵌入，它们允许数据科学家进行迁移学习，因为嵌入可以用于它们没有被训练过的领域。

迁移学习

迁移学习是利用解决一个问题获得的信息来解决另一个问题的技术。迁移学习可以用来显著加速第二个或后续任务的学习，在深度学习中非常流行，在深度学习中，训练模型所需的资源可能是巨大的。

例如，即使一个特定的深度学习模型训练的图像不包含任何叉子，它可能给出一个有用的嵌入，由被训练来检测它们的模型使用，因为叉子是一个对象，模型被训练用来检测类似的人造物体。

4.3.2 特征选择如何影响 MLOps 策略

在特征创建和选择方面，经常会出现停止多少时间以及何时停止的问题。添加更多特征可能会生成更准确的模型，或者在分成更精确的组时获得更多的公平性，或者补偿一些其他有用的缺失信息。但是，它也有缺点，所有这些缺点都会对 MLOps 策略产生重大影响：

- 该模型的计算成本可能越来越高。
- 更多特征需要更多输入和更多维护。
- 更多特征意味着失去一些稳定性。
- 众多特征可能会引起隐私问题。

自动特征选择可以帮助你通过使用启发式方法来估计某些功能对于模型的预测性能的重要性。例如，可以查看与目标变量的相关性，或快速在数据的代表性子集上训练简单模型，然后查看哪些特征是相对最强的预测指标。

要使用哪些输入，如何对其进行编码，它们如何相互影响或相互干扰——此类决策需要对 ML 算法的内部工作原理有一定的了解。好消息是，其中一些过程可以实现部分自动化，例如，通过使用 Auto-sklearn 或 AutoML 应用程序等工具，这些工具将特征与给定目标进行交叉引用，以估计哪些特征、导数或组合可能会产生最佳结果，而忽略所有可能不会产生太大影响的特征。

其他选择仍然需要人工干预，例如决定是否尝试收集可能改进模型的额外信息。花时间构建对业务友好的特征通常会提高最终性能，并便于最终用户采用，因为模型的解释可能会更简单。特征选择还可以减少建模债务，使数据科学家能够理解主要的预测驱动程序，并确保它们是鲁棒的。当然，在理解模型所花费的时间成本和预期价值之间，以及与模型使用相关的风险之间，需要进行权衡。

特征存储

特征工厂或特征存储是与业务实体相关联的不同特征的存储库，这些业务实体创建并存储在一个中心位置，以便更容易重用。它们通常结合离线部分（较慢，但可能更强大）和在线部分（对实时需求更快更有用），确保它们彼此保持一致。

鉴于特征工程对于数据科学家来说是非常耗时的，特征存储有巨大的潜力来释放他们的时间用于更有价值的任务。机器学习仍然经常是"技术债务的高息信用卡"（*https://oreil.ly/IYXUi*）。扭转这一局面将需要在数据到模型到产品的过程中以及在 MLOps 过程中获得巨大的效率提升，而特征存储是实现这一目标的一种方式。

底线是，在建立模型时，构造和选择特征的过程像许多其他机器学习模型组件一样，是考虑 MLOps 组件和性能之间的微妙平衡。

4.4 实验

实验在整个模型开发过程中进行，通常每个重要的决策或假设都至少带有一些实验或先前的研究来证明其合理性。从建立成熟的预测 ML 模型到进行统计测试或绘制数据图表，实验可以有多种形式。实验目标包括：

- 根据表 4-1 中列出的元素，评估模型的有用性或良好性。（4.5 节将更详细地介绍模型评估和比较。）

- 寻找最佳建模参数（算法、超参数、特征预处理等）。

- 针对给定的训练成本调整偏差 / 方差平衡以达到最好的结果。

- 在模型改进和计算成本之间找到平衡。（由于总是有改进的空间，那么多好才算足够好？）

偏差和方差

高偏差模型（也称为欠拟合）未能发现一些可以从训练数据中学习到的规则，可能是因为简化的假设使模型过于简单。

高方差模型（或过拟合）看到噪声中的模式，并试图预测每一个单独的变化，导致复杂的模型对超出其训练的数据不能很好地概括。

实验时，数据科学家需要能够快速遍历表 4-1 中列出的每个模型构建块的所有可能性。幸运的是，有一些工具可以半自动地完成所有这些工作，你只需要根据先验知识（有意义）和约束条件（例如计算、预算）来定义应测试的内容（可能性的空间）。

一些工具可以提供更多的自动化功能，例如，通过提供分层模型训练。假设企业要预测客户对产品的需求以优化库存，但不同商店的行为差异很大。分层建模包括为每个商店训练一个模型，该模型可以针对每个商店进行更好的优化，而不是试图预测所有商店的模型。

尝试每一个可能的超参数、特征处理等的所有组合，这些组合很快就会变得无法追踪。因此，定义实验的时间和计算预算以及模型有用性的可接受阈值是有用的（4.5 节将详细介绍这个概念）。

值得注意的是，每当情况发生变化时（包括数据或问题约束发生显著变化时，

参见 7.3 节）。最终，这意味着，科学家为得出模型而做出的最终决策所做的所有实验，以及过程中的所有假设和结论，都可能需要重新运行和检查。

幸运的是，越来越多的数据科学和机器学习平台不仅可以在首次运行时实现这些工作流的自动化，还可以保留所有处理操作的可重复性。有些还允许使用版本控制和实验性分支衍生工具来测试理论，然后合并、丢弃或保留它们（参见 4.6 节）。

4.5 评估和比较模型

二十世纪英国统计学家乔治·博克斯曾经说过，"所有的模型都是错误的，但有些是有用的"。换句话说，一个模型不应该以完美为目标，但它应该通过"足够好以至于有用"的标准，同时关注恐怖谷——通常一个模型看起来做得很好，但对于特定的一部分情况（例如代表性不足的人口）来说做得不好（或灾难性的)。

考虑到这一点，重要的是在上下文中评估一个模型，并有能力将其与模型之前存在的模型进行比较——无论是以前的模型还是基于规则的过程——以了解如果当前的模型或决策过程被新的模型或决策过程替换，结果会是什么。

具有绝对性能的模型在技术上可以被认为是失效的，但仍有可能改善现有情况。例如，对某一产品或服务的需求进行稍微准确的预测可能会节省大量成本。

相反，获得最佳评分的模型是可疑的，因为大多数问题的数据中至少存在一些难以预测的噪声。完美或接近完美的评分可能表明数据存在泄露（例如，目标预测也出现在输入数据中，或者输入特征与目标非常相关，但是实际上只有在知道目标之后才可用)，或者模型过拟合训练数据并且不能很好地概括。

4.5.1 选择评估指标
为给定的问题选择合适的度量标准来评估和比较不同的模型会导致非常不

同的模型（想想表 4-1 中提到的眼镜蛇效应）。一个简单的例子：准确性通常用于自动分类问题，但当类别不平衡时（即，当一个结果与另一个结果相比非常不可能时），它很少是最合适的方法。在二元分类问题中，阳性类别（即因为预测会触发某种动作而很有趣，因此很容易预测）的发生率只有 5%，因此不断预测阴性类别的模型的准确率为 95%，但也完全没用。

不幸的是，没有一种"万能的"度量标准。你需要选择一个可以解决当前问题的方法，这意味着要了解指标的限制和权衡（数学方面）及其对模型优化的影响（业务方面）。

为了了解模型的泛化能力，应该对没有用于模型训练的部分数据（保持数据集）进行评估，这种方法称为交叉测试。可以有多个步骤，其中一些数据用于评估，其余的用于训练或优化，例如度量评估或超参数优化。还有不同的策略，不一定只是简单的拆分。例如，在 k 折交叉验证中，数据科学家轮转他们持有的部分，进行多次评估和训练。这增加了训练时间，但也体现了指标的稳定性。

通过简单的拆分，保持数据集可以由最近的记录组成，而不是随机选择的记录。事实上，由于模型通常用于未来预测，因此对它们进行评估就像将它们用于对最新数据进行预测一样，可能会得出更现实的估计。此外，它还可以评估数据是否在训练数据集和保持数据集之间漂移（详见 7.3 节）。

例如，图 4-2 展示了一种方案，其中测试数据集是保持不变值（灰色），以便执行评估。通过在每个蓝色数据集上使用给定组合对模型进行三次训练并验证其在各自绿色数据集上的性能，将剩余数据分为三部分以找到最佳的超参数组合。灰色数据集只能与最佳超参数组合一起使用一次，而其他所有数据集都将与它们一起使用。

通常情况下，数据科学家希望定期用相同的算法、超参数、特征等对模型进行再训练，但使用的是更近期的数据。当然，下一步是比较这两个模型，看看新版本的效果如何。但同样重要的是要确保之前的所有假设仍然成立：问题没有从根本上改变，之前做出的建模选择仍然符合数据，等等。更具体地说，这是性能和漂移监控的一部分（更多细节参见第 7 章）。

图 4-2：一个模型评价的数据集分割例子

4.5.2 交叉检验模型行为

除了原始指标外，评估模型时，了解模型的行为方式也至关重要。根据模型的预测、决策或分类的影响，可能需要或多或少的深入理解。例如，数据科学家应（针对这种影响）采取合理的措施，以确保该模型不会产生积极的危害：一个预测所有患者都需要医生检查的模型可能在原始预防方面得分很高，但是在现实的资源分配上得分并没有那么高。这些合理步骤的示例包括：

- 交叉检查不同的指标（不仅是对模型最初进行优化的指标）。

- 检查模型对不同输入的反应——例如，绘制某些输入的不同值的平均预测（或分类模型的概率），并查看是否存在奇异或极端可变性。

- 拆分一个特定维度，并检查不同子群体之间行为和指标的差异，例如，男性和女性的错误率是否相同？

这类全局分析不应视为因果关系，而应将其理解为相关性。它们不一定暗示某些变量与结果之间存在特定的因果关系，它们只是说明模型如何看待这种关系。换句话说，应该谨慎地使用模型进行假设分析。如果一个特征值被更改，且新特征值从未在训练数据集中出现过，或者从未与该数据集中其他特征的值一起出现，则模型预测很可能是错误的。

当比较模型时，这些不同的方面应该让数据科学家能够接触到，他们需要能够比单一度量更深入。这意味着所有模型都需要完整的环境（交互式工具、数据等），理想情况下可以从各个角度以及在所有组成部分之间进行比较。例如，对于漂移，比较可能使用相同的设置，但使用不同的数据，而对于性能建模，则可能使用相同的数据，但使用不同的设置。

4.5.3 负责任的人工智能对建模的影响

根据情况（有时取决于行业或业务部门），除了对模型行为的一般理解之外，数据科学家还可能需要模型的单个预测是可解释的，包括了解哪些特定功能以某种方式推动了预测。有时，对某一特定记录的预测可能与平均水平大相径庭。计算个体预测解释的流行方法包括沙普利值（特征值在所有可能联盟中的平均边际贡献）和个体条件期望计算，它们显示了目标函数和感兴趣特征之间的相关性。

例如，特定激素的测量水平通常可以推动模型预测某人有健康问题，但是对于孕妇而言，该水平使该模型推断出她根本没有健康风险。一些法律框架要求某种模型的决策具有某种可解释性，对人造成的后果，例如建议拒绝贷款。8.6.2 节将会讨论这个话题的细节。

请注意，可解释性的概念具有多个方面。尤其是，深度学习网络由于它们的复杂性（尽管在读取模型系数时会完全指定一个模型，并且通常在概念上是一个非常简单的公式，但是无法直觉地理解非常大的公式）有时也被称为黑盒模型。相反，全局和局部解释工具（例如部分依赖图或夏普利值计算）提供了一些洞见，但可以说没能使模型变得直观。为了实际传达对模型确切功能的严格而直观的理解，需要限制模型的复杂性。

公平性要求也可能对模型开发有大小限制。考虑这个理论示例，以更好地理解当涉及偏见时的利害关系：一家美国公司定期雇用从事相同类型工作的人员。数据科学家可以训练模型来根据各种特征预测工人的表现，然后根据他们成为高绩效工人的可能性来雇用他们。

尽管这似乎是一个简单的问题，但不幸的是，它充满了陷阱。使这个问题完全假设，并使它脱离复杂性和现实世界中的问题，例如，工人属于 Weequay 或 Togruta 这两组中的一个。对于这个假设的例子，让我们声称 Weequay 中有更多的人上大学。一开始，人们会对 Weequay 产生最初的偏见（事实是他们本可以通过多年的经验来发展自己的技能，这一事实被进一步放大了）。

结果，在申请者中，Weequay 不仅比 Togruta 多，而且 Weequay 的申请者往往更有资格。雇主必须在未来一个月内雇用 10 人。他应该怎么办？

- 作为机会均等的雇主，他应确保对其进行控制的招聘过程的公平性。这意味着从数学上来说，对于每个申请人和所有事物都是平等的，被雇用（或不被雇用）不应该取决于他们的团体隶属关系（在这种情况下，是 Weequay 或 Togruta）。然而，这个结果在偏见中和的本身，Weequay 更有资格。请注意，"所有事物都是平等的"可以用多种方式来解释，但是通常的解释是，组织可能不被认为对其不控制的过程负责。

- 雇主可能还必须避免产生不同的影响，即，在雇用实践中对一群受保护特征的人产生不利影响的可能性比另一群更大。评估对亚种群而不是对个体的不同影响，实际上，它评估的是公司是否按比例聘用了与 Togruta 一样多的 Weequay。再次，目标比例可以是申请人的比例，也可以是一般人群的比例，尽管前者更有可能，因为该组织不能为超出控制范围的流程偏见负责。

这两个目标是互斥的。在这种情况下，机会均等将导致雇用 60%（或更多）的 Weequay 和 40%（或更少）的 Togruta。结果，此过程对两个人口有不同的影响，因为雇用率不同。

相反，如果对流程进行了纠正，以使雇用的 40% 的人是 Togruta，以避免产生不同的影响，则意味着某些被拒绝的 Weequay 申请人将被预测比某些被接受的 Togruta 申请人更有资格（与平等机会主张相反）。

需要权衡取舍——该法律有时被称为 80% 规则。在此示例中，这意味着 Togruta 的雇用率应等于或大于 Weequay 的雇用率的 80%。在此示例中，这意味着可以雇用多达 65% 的 Weequay。

这里的要点是，定义这些目标不能仅由数据科学家来完成。但是即使定义了目标，实现本身也可能会出现问题：

- 在没有任何迹象的情况下，数据科学家自然会尝试建立机会均等模型，因为它们与现实世界相对应。数据科学家使用的大多数工具也试图实现这一目标，因为它是数学上最合理的选择。但是，实现此目标的某些方法可能是非法的。例如，数据科学家可以选择实现两个独立的模型：一个用于 Weequay，一个用于 Togruta。这可能是解决由训练数据集引起的偏见的合理方法，在训练数据集中 Weequay 被过度代表，但是这将导致对两者的不同对待，这可能被视为歧视。

- 为了让数据科学家按照设计的方式使用他们的工具（即按原样建模世界），他们可以决定对预测进行后处理，以使其符合组织对世界的应有的愿景。最简单的方法是为 Weequay 选择比 Togruta 更高的阈值。它们之间的差距将调整"机会均等"和"影响均等"之间的权衡。但是，由于处理方式不同，差距仍可能被视为歧视。

数据科学家不太可能独自解决这个问题（有关此主题的更广泛观点，参见 8.6 节）。这个简单的例子说明了主题的复杂性，考虑到可能存在许多受保护的属性，这个问题可能会更加复杂，并且偏见既是业务问题，又是技术问题。

因此，解决方案在很大程度上取决于上下文。例如，Weequay 和 Togruta 的这个例子代表了给予访问特权的过程。如果过程中有负面影响的用户（如欺诈行为的预测，导致交易拒绝）或者是中性的（如疾病预测），情况又不尽相同了。

4.6 版本管理和再现性

讨论评估和比较模型（之前讨论过的公平，以及其他主要因素的影响）必然带来了版本控制的理念和不同的模型版本的再现性。随着数据科学家在模型的多个版本上进行构建，测试和迭代，他们需要能够保持所有版本的一致性。

版本管理和再现性满足两个不同的需求：

- 在实验阶段，数据科学家可能会发现自己在不同的决策上来回走动，尝试不同的组合，并且当它们无法产生预期的结果时，请恢复原状。这意味着能够返回到实验的不同"分支"，例如，当实验过程陷入僵局时，恢复项目的先前状态。

- 数据科学家或其他人员（审计师，管理者等）可能需要能够在最初完成实验的几年后重播导致审计团队进行模型部署的计算。

当一切都基于代码，并且具有源版本控制技术时，可以肯定地解决了版本控制问题。现代数据处理平台通常为数据转换管道、模型配置等提供类似的功能。合并多个部分当然不如合并分歧的代码那么简单，但是基本需求是能够返回到某些特定的实验，只要能够复制其设置以将其复制到另一个分支中。

模型的另一个非常重要的属性是再现性。经过大量的实验和调整，数据科学家可能会得出一个符合要求的模型。但是在那之后，可操作性不仅需要在另一个环境中复制模型，而且还可能需要从另一个起点复制模型。可重复性也使调试变得更加容易（有时甚至是可能的）。为此，模型的所有方面都必须记录在案并可以重用，包括：

假设条件

当数据科学家做出决策并对即将发生的问题的范围、数据等做出假设时，这些决策和假设都应该被明确并记录下来，以便可以针对任何新信息进行检查。

随机性

许多 ML 算法和过程（例如采样）都使用伪随机数字。能够精确地复制实验（例如用于调试）意味着通常通过控制生成器的"种子"来控制该伪随机性（即，使用相同种子初始化的同一生成器将产生伪随机数的相同序列）。

数据

为了获得可重复性，必须提供相同的数据。有时这可能很棘手，因为根据更新速率和数量，版本数据所需的存储容量可能会过高。同样，数据分支还不像代码分支那样拥有丰富的工具生态系统。

设定值

这是给定的，所有已完成的处理必须在相同的设置下可重复。

结果

当开发人员使用合并工具比较和合并不同的文本文件版本时，数据科学家需要能够比较模型的深入分析（从混淆矩阵到部分依赖图），以获得满足要求的模型。

执行

相同模型的所谓稍有不同的实现方式实际上可以产生不同的模型，足以改变一些接近调用时的预测。模型越复杂，发生这些差异的机会就越大。

另一方面，与对 API 中的单个记录进行评分相比，使用模型对数据集进行批量评分具有不同的约束，因此有时可能需要对同一模型进行不同的实现。但是，在进行调试和比较时，数据科学家需要牢记可能的差异。

环境

鉴于本章介绍的所有步骤，很明显，模型不仅是其算法和参数。从数据准备到评分实施（包括特征选择、特征编码、充实等），运行这些步骤中的几个环境或多或少会隐式地与结果联系在一起。例如，一个步骤中涉及的 Python 软件包的版本稍有不同，可能会以难以预测的方式更改结果。最好是，数据科学家应确保运行时环境也是可重复的。鉴于 ML 的发展速度，这可能需要冻结计算环境的技术。

幸运的是，与版本控制和再现性相关的基础文档任务可以自动化，并且通过使用集成平台进行设计和部署，可以通过确保结构化的信息传输来大大降低再现性成本。

显然，虽然可能不是模型开发中最吸引人的部分，但版本管理和再现性对于在治理（包括审计）很重要的真实组织环境中构建机器学习工作至关重要。

结语

模型部署是 MLOps 的最关键和最重要的步骤之一。在此阶段中必须回答的许多技术问题会对模型生命周期中 MLOps 过程的各个方面产生重大影响。因此，曝光度、透明度和协作对于长期成功至关重要。

模型部署阶段也是数据科学家等配置文件实践最多的阶段，在 MLOps 之前的世界中，模型部署阶段通常代表整个 ML 工作，从而产生了一个模型，该模型将按原样使用（包括其结果和局限性）。

第 5 章

准备投入生产

Joachim Zentici

确认某个成果在实验室中可以正常工作从来都不意味着它在现实世界中也能很好地工作，机器学习模型也是如此。不仅生产环境通常与开发环境大不相同，而且与生产中的模型相关的商业风险也更大。重要的是要理解和测试过渡到生产的复杂性，并充分降低潜在的风险。

本章探讨准备投入生产所需的步骤（在图 5-1 的整个生命周期中进行了突出显示）。目的是通过扩展来说明鲁棒的 MLOps 系统必须考虑的要素。

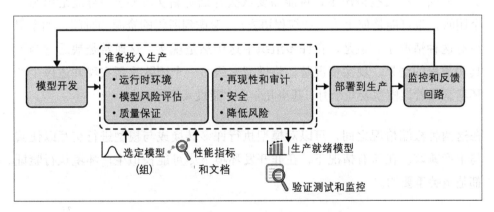

图 5-1：在 ML 项目生命周期的更大范围内突出显示了为生产做准备

5.1 运行时环境

将模型用于生产的第一步是确保在技术上可行，在第 3 章曾讨论过，理想的

MLOps 系统偏向于快速、自动部署密集型的（而不是劳动密集型的）流程，并且运行时环境对结果可以产生巨大的影响。

生产环境采用多种形式：定制服务、数据科学平台、TensorFlow Serving 等专用服务、Kubernetes 集群等底层基础设施、嵌入式系统上的 JVM 等。考虑到一些组织中多个异构计算环境共存，会使事情更加错综复杂。

理想情况下，会验证在开发环境中运行的模型并将其直接发送到生产环境，这样可以最大限度地减少适应工作量，并提高生产中的模型像开发中那样表现的机会。不幸的是，这种理想情况并不总是可能的，并且像团队花费大量时间完成一个长期项目，但最终意识到它无法投入生产的事情并非闻所未闻。

5.1.1 从开发到生产环境的适应

对适应生产环境而言，一方面，开发和生产平台来自同一供应商，或者可以互操作，并且开发模型可以无须任何修改就在生产环境中运行。在这种情况下，将模型推入生产所需的技术步骤只需单击几下即可完成，所有工作都可以集中在验证上。

另一方面，在某些情况下，可能需要从头开始重新实现模型（可能是由另一个团队，也可能是使用另一种编程语言）。考虑到所需的资源和时间，如今很少有这种情况了。但是，在许多组织中这仍然是现实，这通常是缺乏适当工具和流程的结果。现实情况是，将模型交给另一个团队重新实现并适应生产环境意味着该模型要几个月（甚至几年）才能投入生产。

在这两种极端情况之间，可以对模型执行许多转换或与模型进行交互以使其与生产兼容。在所有情况下，在非开发环境下尽可能模拟生产环境执行验证都是至关重要的。

工具注意事项

投入生产之前要将需要的格式早早考虑到，因为这可能会对模型本身和正式生产所需的工作量产生很大影响。例如，当使用 scikit-learn（Python）开发模型而生产是基于 Java 的环境时，也就是需要将 PMML 或 ONNX 作为输入时，显然转换是必需的。

在这种情况下，团队应该在开发模型时设置好工具，最好在模型的第一个版本完成甚至开始之前设置好。未能提前创建此管道会阻塞验证过程（当然，最终验证不应该在 scikit-learn 模型上执行，因为它不会投入生产）。

性能考量

可能需要转换的另一个常见原因是性能。例如，与转换为 C++ 的等效模型相比，Python 模型在对单个记录进行评分时通常会有更高的延迟。得到的模型速度很可能会快几十倍（但是，这显然取决于许多因素，其结果也可以是一个速度为几十分之一的模型）。

当生产模型必须在低功耗设备上运行时，性能也会发挥作用。例如，在深度神经网络的特定情况下，经过训练的模型可能会因数十亿或数千亿个参数而变得非常大。在小型设备上运行它们根本是不可能的，而在标准服务器上运行它们可能又慢又昂贵。

对于这些模型，优化的运行时是不够的。为了获得更好的性能，模型定义必须优化。一个解决办法是使用压缩技术：

- 通过量化，模型可以在训练时使用 32 位浮点数，而用低一些的精度进行推理过程。这样在推理过程中，模型在保留基本精度的同时只需要更少的内存，而运行速度会更快。

- 通过修剪，可以简单地从神经网络中删除权重（甚至是整个图层）。这是一种非常激进的方法，但是有些方法可以保持准确性。

- 通过蒸馏，可以训练一个较小的"学生"网络来模仿一个更大、更强大的网络。如果做得适当，这可以产生更好的模型（与尝试直接从数据中训练较小的网络相比）。

如果以减少执行时信息丢失的方式对初始模型进行训练，这些方法将非常有效，因此这些操作不仅是事后对训练后的模型进行简单转换，而是确定了训练模型的方式。这些方法仍是非常新的和相当先进的，已经被广泛使用在自然语言处理（NLP）预训练模型中。

5.1.2 在验证和投入生产前进行数据访问

验证并投入生产之前需要解决的另一个技术问题就是数据访问。例如，评估公寓价格的模型使用的是邮政编码区域的平均市场价格。但是，请求评分的用户或系统可能不会提供该平均值，而很可能仅提供邮政编码，这意味着必须进行查找才能获取平均值。

在某些情况下，数据可以冻结并与模型捆绑在一起。但是，当这不可能（例如，如果数据集太大或扩充数据需要始终是最新的）时，生产环境应访问数据库，并因此具有进行通信所需的适当的网络连接性、库或已安装了需要访问该数据存储的驱动程序，并以某种形式在生产配置中存储了鉴别凭据。

在实践中，管理此设置和配置可能非常复杂，因为它再次需要适当的工具和协作（尤其是扩展到几十个以上的模型）。使用外部数据访问时，在与生产紧密匹配的情况下进行模型验证变得尤为重要，因为技术连接是生产故障的常见根源。

5.1.3 关于运行时环境的最终思考

训练一个模型通常需要可观的计算量。这里面包含高度的软件复杂性、海量数据和一系列具有强大 GPU 的高端计算机。但是在模型的整个生命周期中，很有可能大部分计算都花在了推理上（即使这种计算要简单和快速得多）。这是因为模型只需要训练一次就可以进行数十亿次推理。

对复杂模型进行扩展可能会非常昂贵，并且会对能源和环境产生重大影响。降低模型的复杂性或压缩极其复杂的模型可以降低操作机器学习模型的基础设施成本。

重要的是要记住，并非所有应用程序都需要深度学习，实际上，并非所有应用程序都需要机器学习。控制生产中的复杂性的一种有价值的做法是开发复杂的模型，只是为可能实现的目标提供基线。这样，生产出来的产品就可以成为一个简单得多的模型，它具有以下优势：

降低操作风险，提高计算性能，以及降低功耗。如果简单模型足够接近高复杂度基线，那么它可能是更理想的解决方案。

5.2 模型风险评估

在探索如何验证一个理想的 MLOps 系统之前，我们需要考虑验证的目的。如第 4 章所述，模型试图模仿现实，但它们并不完美。它们的实现以及执行过程中的环境都可能有错误。生产中的模型可能对间接的、现实的影响是不确定的，看似微不足道的齿轮的故障可能会对复杂的系统产生巨大的影响。

5.2.1 模型验证的目的

在某种程度上可以预测生产中模型的风险，从而进行设计和验证，以最大限度地减少这些风险。随着组织变得越来越复杂，必须了解非自愿性故障或恶意攻击可能对企业中大多数机器学习的使用构成威胁，而不仅限于金融或与安全相关的应用程序。

在将模型投入生产之前（实际上从机器学习项目开始），团队应该提出以下令人不安的问题：

- 如果模型以可想象的最坏的方式工作怎么办？
- 如果用户设法提取训练数据或模型的内部逻辑怎么办？
- 有哪些金融、业务、法律、安全和声誉风险？

对于高风险的应用程序，至关重要的是整个团队（尤其是负责验证的工程师）必须充分意识到这些风险，以便适当地设计验证过程，并应用与风险大小相适应的严格性和复杂性。

机器学习风险管理在许多方面涵盖了模型风险管理实践，这些实践已在许多行业中建立得很好，例如银行业和保险业。但是，机器学习引入了新型的风险和责任，并且随着数据科学的普及化，它涉及许多没有传统模型风险管理经验的新组织或团队。

5.2.2 ML 模型风险的起源

ML 模型所带来的风险大小很难用数学方法进行建模，但也因为风险的物化是通过现实世界的结果产生的。机器学习指标，尤其是成本矩阵，使团队可以在"名义"情况下评估模型的平均成本，即交叉验证数据，与操作完美的神奇模型进行比较。

但是，尽管计算此预期成本可能非常重要，但超出预期成本的很多事情都会出错。在某些应用中，风险可以是无限的金融责任、面向个人的安全问题，或者组织的现实威胁。ML 模型风险基本上来自：

- 设计、训练或评估模型（包括数据准备）中的错误
- 运行时框架中的错误、模型后处理 / 转换中的错误或模型与其运行时之间隐藏的不兼容性
- 训练数据的低质量
- 生产数据和训练数据之间的巨大差异
- 预期的错误率，但是失败导致的后果比预期高
- 模型的错误使用或对其输出的误解
- 对抗攻击
- 法律风险，尤其是源于版权侵权或模型输出的责任
- 由于偏见、不道德地使用机器学习等导致的声誉风险

可以通过以下方法放大实现风险的可能性及其严重性：

- 模型的广泛使用
- 快速变化的环境
- 模型之间的复杂交互

以下各节提供了有关这些威胁以及如何减轻威胁的更多详细信息，这最终应该是组织采用任何 MLOps 系统的目标。

5.3 机器学习的质量保证

软件工程已开发了一套成熟的工具以及质量保证（QA）方法论，但是数据和模型的等效性仍处于起步阶段，这使得将其纳入 MLOps 过程具有挑战性。该统计方法以及文档的最佳实践是众所周知的，但大规模实施这些还不常见。

尽管本章的生产准备中已经涵盖了这一部分，但很明显，机器学习的质量保证不仅只在最后的验证阶段发生，相反，它应该伴随模型开发的所有阶段。其目的是确保符合流程以及 ML 和计算性能要求，并且其详细程度与风险程度成正比。

如果负责验证的人不是开发模型的人，则他们必须进行足够的机器学习方面的培训并了解风险，以便设计适当的验证或发现由开发团队建议的验证中的违规行为，这一点至关重要。同样重要的是，组织的结构和文化赋予他们权力，可以适当地报告问题，并在风险水平合理的情况下，为持续改进或阻止产品通过做出贡献。

鲁棒的 MLOps 实践表明，在发送到生产之前执行质量检查不仅关乎技术验证。这也是创建文档并根据组织准则验证模型的机会。特别是，这意味着应该知道所有输入数据集、经过预训练的模型或其他资产的来源，因为它们可能会受到法规或版权的约束。由于这个原因（尤其是出于计算机安全性的考虑），某些组织选择仅允许白名单依赖项。尽管这可以显著影响数据科学家快速创新的能力，但是可以报告依赖项列表并进行部分自动的检查，以提供额外的安全性。

5.4 测试的关键注意事项

显然，模型测试包括将模型应用于精心挑选的数据并根据要求进行验证。如何选择或生成数据以及需要多少数据至关重要，但这取决于模型所解决的问题。

在某些情况下，测试数据不应始终与"真实"数据匹配。例如，准备一定数量的场景可能是一个好主意，尽管其中一些场景应符合实际情况，但也应该准备可能会出现问题的情况（例如，极端值、缺失值）专门生成其他数据。

指标必须在统计（准确度、精确度、召回等）和计算（平均延迟、延迟的 95 百分位等）两方面进行，同时如果对它们的某些假设不成立，测试会失败。例如，如果模型的准确性下降到 90% 以下，平均推理时间超过 100 毫秒，或者超过 5% 的推理花费 200 毫秒以上，则测试失败。与传统软件工程中一样，这些假设也可以称为期望、检查或断言。

还可以对结果进行统计检验，但通常用于子群体。能够将模型与以前的版本进行比较也很重要。它可以允许采用冠军 / 挑战者方法（在 7.4.3 节中详细介绍）或检查指标是否突然下降。

子群体分析和模型的公平性

通过一个"敏感"变量（可能是也可能不是模型的特征）将数据分割成子群体，设计测试场景是很有用的。这就是评估公平性（通常是性别之间）的方式。

几乎所有适用于人的模型都应该进行公平性分析。未能评估公平性的模型将对组织机构产生商业、监管和声誉方面的影响。关于偏见和公平性的细节，请参考 4.5.3 节和 8.6 节。

除了验证 ML 和计算性能指标外，模型稳定性也是要考虑的重要测试属性。当稍微改变一项功能时，人们期望结果会有很小的改变。尽管这并不总是正确的，但通常是理想的模型属性。一个非常不稳定的模型除了带来令人沮丧的体验之外，还会引入很多复杂性和漏洞，因为即使模型表现不错，它也会让人觉得不可靠。模式稳定没有单一的答案，但总体来讲，简单的模型或更正则化的模型可以表现出更好的稳定性。

5.5 再现性和可审计性

MLOps 中的再现性含义与学术界中的不尽相同。在学术界，再现性从本质上讲是指对实验结果的描述足够好，以至于另一个胜任的人员可以仅使用说明来重复该实验，并且如果该人员没有犯任何错误，他将得出相同的结论。

但通常，MLOps 的再现性还涉及轻松重新运行完全相同的实验的能力。这意味着，该模型带有详细的文档、用于训练和测试的数据，以及捆绑了模型实现和运行环境的完整规范的工件（参见 4.6 节）。再现性对于证明模型结果、调试或基于先前的实验至关重要。

可审计性与再现性有关，但是增加了一些要求。为了使模型可审计，必须有可能从中央可靠的存储区访问 ML 管道的完整历史记录，并轻松获取所有模型版本上的元数据，包括：

• 完整文档

• 可以在其确切的初始环境下运行模型的工件

• 测试结果，包括模型说明和公平性报告

• 详细的模型日志和监控元数据

可审计性在某些受到严格监管的应用程序中是必需的，但是它对所有组织都有好处，因为它可以促进模型调试，持续改进以及跟踪操作和职责（这是 ML 负责任的应用程序的管理的重要组成部分，参见第 8 章）。用于机器学习以及 MLOps 过程的完整 QA 工具链应提供关于需求的模型性能的清晰视图，同时还应促进可审计性。

即使 MLOps 框架允许数据科学家（或其他人）找到包含所有元数据的模型，理解模型本身仍然具有挑战性（有关详细讨论，参见 4.5.3 节）。

为了产生强大的实际影响，可审计性必须允许对系统的所有部分及其版本历史进行直观的人工理解。这并不会改变以下事实：了解机器学习模型（甚至是相对简单的模型）需要进行适当的培训，但是根据应用程序的关键程度，可能需要更广泛的受众才能了解模型的详细信息。因此，全面的可审计性付出的代价应与模型本身的重要性相平衡。

5.6 机器学习安全

作为一款软件，一个部署在伺服框架中的模型可能会出现从低级故障到社会工程等多种安全问题。机器学习引入了一系列潜在的威胁，例如攻击者提供的旨在导致模型出错的恶意数据。有许多潜在的攻击案例。例如，垃圾邮件过滤器是机器学习的早期应用，基本上基于对词典中单词的评分。垃圾邮件创建者逃避检测的一种方法是避免写这些确切的单词，同时仍使人类读者易于理解其消息（例如，使用奇异的 Unicode 字符，故意引入拼写错误或使用图像）。

5.6.1 对抗攻击

一个机器学习模型的更现代但是非常类似的安全问题是深度神经网络的对抗攻击。在这种攻击中的图像修改似乎对人眼来说微不足道甚至无法察觉，但是可能会导致模型预测结果的彻底改变。核心思想在数学上相对简单：由于深度学习推理本质上是矩阵乘法，因此，精心选择的系数的小扰动会导致输出数量发生较大变化。

这方面的一个例子是，粘贴在路标上的小贴纸会扰乱自动驾驶汽车的计算机视觉系统，使标牌不可见或被系统错误分类，同时对人类仍然完全可见并可以理解（*https://arxiv.org/abs/1707.08945*）。攻击者对系统的了解越多，他们就越有可能找到会混淆该系统的示例。

人们可以使用推理找到这些示例（特别是对于简单模型）。但是，对于像深度学习这样的更复杂的模型，攻击者可能需要执行许多查询，要么使用蛮力来测试尽可能多的组合，要么使用模型来搜索有问题的示例。对策的难度随着复杂的模型和它们的可用性而增加。

简单的模型（例如逻辑回归）本质上是免疫的，而即使使用先进的内置攻击检测器（*https://arxiv.org/abs/1705.07263*），开放源代码预训练的深度神经网络也将始终处于脆弱状态。

对抗攻击不一定在推理时发生。如果攻击者可以访问训练数据，甚至只是部分数据，那么他们就能获得系统的控制权。这种攻击是传统上对计算机安全的一种投毒攻击。

一个著名的例子是微软在 2016 年发布的 Twitter 聊天机器人（*https://oreil.ly/aBGVq*）。启动后仅几个小时，该机器人就开始产生令人非常反感的推文。这是由于机器人适应其输入而造成的。当意识到某些用户提交了大量令人反感的内容时，该机器人开始复制其内容。从理论上讲，投毒攻击可能是入侵的结果，甚至可能是通过预训练的模型以更复杂的方式发生的。但是实际上，人们应该主要关心从易于操纵的数据源收集的数据。发送到特定账户的推文是一个特别清晰的示例。

5.6.2 其他漏洞

某些模式本身并未利用机器学习的漏洞，但它们确实在通过使用机器学习模型的方式导致不期望发生的不良情况。一个例子是信用评分：对于给定的金额，灵活性较差的借款人倾向于选择更长的期限来降低还款额，而不关心支付能力的借款人可以选择较短的时期来降低总成本。销售人员可能会建议得分不高的人缩短付款时间。这增加了借款人和银行的风险，而不是有意义的行动。关联并不等于因果关系！

模型还可以通过多种方式泄露数据。由于从根本上可以将机器学习模型视为已对其进行训练的数据的摘要，因此它们可能会在训练数据上泄露或多或少的精确信息，有时甚至会泄露出完整的训练集。例如，想象一下，一个模型使用邻近算法（Nearest Neighbor Algorithm）来预测某人的收入。如果知道某人在服务上注册的邮政编码、年龄和职业，则很容易就可以获得此人的确切收入。各种各样的攻击都可以通过这种方式从模型中提取信息。

除了技术强化和审计外，管理在安全性中也起着至关重要的作用。必须明确分配职责，并确保安全性和执行能力之间达到适当的平衡。建立反馈机制也很重要，员工和用户应该有一个轻松的渠道来沟通违规行为（可能包括奖励报告漏洞的"漏洞赏金计划"）。还可能且有必要在系统周围建立安全网以减轻风险。

机器学习安全性与一般计算机系统安全性具有许多共同特征，主要思想之一是安全性不是系统的附加独立功能。也就是说，通常你不能保护非安全设计的系统，并且组织过程必须从一开始就考虑到威胁的性质。强大的 MLOps 过程，包括本章中所述的准备生产的所有步骤，可以帮助使此方法成为现实。

5.7 降低模型风险

一般而言，这个问题在第 1 章中进行了详细介绍，模型部署的范围越广，风险越高。当风险影响足够高时，至关重要的是控制新版本的部署，在该版本中，应严格控制 MLOps 过程发挥其特定的作用。渐进式或金丝雀发布应该是一种常见的做法，首先将新版本的模型提供给组织或客户群的一小部分，然后慢慢增加该比例，同时监控行为并在适当时获得人工反馈。

5.7.1 不断变化的环境

瞬息万变的环境也会使风险倍增，如在此前面章节所提到的。输入的变化既是相关的风险，也是公认的风险，第 7 章将深入探讨这些挑战以及如何更详细地应对这些挑战。但是要注意的重要一点是，根据应用程序的不同，更改速度可能会放大风险。更改太快会使即使在监控系统发送警报之前，后果已经造成。也就是说，即使设定了一个有效的监控系统和一个过程来再训练模型，没有时间进行必要的补救也可能是一个致命的威胁，尤其是如果简单地再训练新数据的模型是不够的，必须开发一个新的模型。在此期间，生产系统的行为异常会给组织造成巨大损失。

为了控制这种风险，通过 MLOps 进行的监控应具有足够的反应性（通常，对每周计算的分布发出警报可能还不够），并且该过程应考虑补救所需的时间。例如，除了重新培训或发布策略之外，该过程还可以定义触发系统降级模式的阈值。降级模式可能仅包含为最终用户显示的警告消息，但也可能非常激烈，如在部署了稳定的解决方案之前关闭功能异常的系统以避免损害。

经常发生的不太引人注目的问题也可能造成危害，并很快变得难以控制。如果环境经常变化，即使似乎从来没有紧急的补救措施，则模型总是可能会略有偏离，永远无法在其正常情况下运行，并且运营成本可能难以评估。这只能通过专用的 MLOps 来检测，包括相对长期的监控和重新评估模型的运行成本。

在许多情况下，在更多数据上对模型进行再训练将逐渐改善模型，并且此问题最终将消失，但这可能需要一些时间。在此融合之前，一种解决方案可能是使用不太复杂的模型，该模型可能具有较低的评估性能，并且在频繁变化的环境中可能更加一致。

5.7.2 模型之间的交互

模型之间的复杂交互可能是最具挑战性的风险来源。随着 ML 模型的普及，此类问题将越来越引起人们的关注，并且这是 MLOps 系统关注的重要潜在领域。显然，添加模型通常会增加组织的复杂性，但是复杂性不一定与模型数量成线性比例增长，具有两个模型比总和要难理解，因为它们之间可能存在相互作用。

此外，总体的复杂性在很大程度上取决于如何在局部规模设计模型并在组织规模进行管理来与模型进行交互。在链中使用模型（其中一个模型使用来自另一个模型的输入）会带来显著的额外复杂性以及完全出乎意料的结果，而在独立的并行处理链中使用模型（每个模型都尽可能简短和可解释）则是一种设计机器学习大规模部署的更具可持续性的方法。

首先，模型之间不存在明显的交互作用，使复杂性越来越接近线性（请注意，实际上，这种情况很少见，因为即使模型未连接，现实世界中也总是存在交互作用）。而且，在冗余处理链中使用的模型可以避免错误——也就是说，如果决策基于多个独立的处理链，并且方法尽可能不同，则它会更鲁棒。

最后，一般而言，模型越复杂，它与其他系统的交互就可能越复杂，因为它可能存在很多边缘情况，在某些域中稳定性较差、对上游模型的更改反应过度，或干扰敏感的下游模型等。在这里，我们再次看到模型的复杂性是有代价的，而且可能是高度不可预测的。

5.7.3 模型行为不当

可以采取许多措施来避免模型的不当行为，包括实时检查其输入和输出。在训练模型时，可以通过检查训练和验证模型的时间间隔来表述其适用范围。如果在推理时某个要素的值超出范围，则系统可以触发适当的措施（例如，拒绝样本或发送警告消息）。

控制特征值间隔是有用且简单的技术，但可能还不够。例如，当训练算法来评估汽车价格时，数据可能提供了最新的轻型汽车和旧的重型汽车的示例，但没有提供最新的重型汽车的示例。这些的复杂模型的性能是不可预测的。当特征的数量很大时，由于维度诅咒（即组合的数量与特征的数量成指数关系），这个问题将不可避免。

在这些情况下，可以使用更复杂的方法，包括异常检测以识别在应用程序领域之外使用模型记录的地点。评分之后，可以在确认推论之前检查模型的输出。在分类的情况下，许多算法除了提供预测之外，还提供确定性评分，以及一个可以被固定以接受推断输出的阈值。请注意，即使在模型中以这种方式命名，这些确定性评分通常也不会转化为概率。

适形预测是一套帮助校准这些评分以获得正确性概率的准确估计的技术。为了进行回归，可以对照预定间隔检查该值。例如，如果模型预测汽车的成本为 50 美元或 500 000 美元，则你可能不想在此预测上从事任何业务。实施技术的复杂性应与风险水平相关：高度复杂、高度关键的模型将需要更全面的保障措施。

结语

在实践中，生产模型的准备需要从开发阶段就开始，也就是说，在开发模型时应考虑生产部署、安全隐患和降低风险的需求。MLOps 包括在将模型发送到生产之前有一个明确的验证步骤，而成功为生产准备模型的关键思想是：

* 明确识别风险的性质及其严重程度。

* 了解模型的复杂性及其在多个级别上的影响，包括增加的延迟、增加的内存和功

耗、降低在生产中解释推理的能力，以及难以控制的风险。

- 提供简单而明确的质量标准，确保团队受到适当的培训，并且组织结构允许快速而可靠的验证过程。

- 自动化所有可以自动进行的验证，以确保正确并一致地执行验证，同时保持快速部署的能力。

第 6 章
部署到生产

Joachim Zentici

企业领导认为将新系统快速部署到生产中是实现业务价值最大化的关键。但是，只有在部署能够顺利且低风险地完成的情况下，这一点才成立（近年来，软件部署流程变得更加自动化和严格，以解决这一内在冲突）。本章将深入探讨把机器学习模型部署到生产中时涉及的概念和注意事项，这些概念和注意事项会影响——实际上是推动——MLOps 部署过程的构建方式（图 6-1 展示了更大生命周期背景下的这一阶段）。

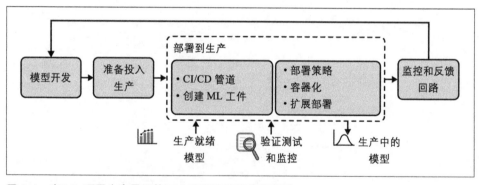

图 6-1：在 ML 项目生命周期的更大背景下强调生产部署

6.1 CI/CD 管道

CI/CD 是持续集成和持续交付（或者更简单地说，部署）的英文缩写。这两者形成了敏捷软件开发的现代哲学和一套实践及工具，以更频繁、更快地发布应用程序，同时更好地控制质量和风险。

虽然这些想法已经有几十年的历史，并且已经被软件工程师在不同程度上使用，但是不同的人和组织以非常不同的方式使用某些术语。在深入研究 CI/CD 如何应用于机器学习工作流之前，必须记住，这些概念应该是服务于快速交付质量目的的工具，并且第一步始终是识别组织中存在的特定风险。换句话说，与往常一样，CI/CD 方法应根据团队的需求和业务的性质进行调整。

CI/CD 概念适用于传统的软件工程，但它们同样适用于机器学习系统，并且是 MLOps 策略的关键部分。在成功开发出一个模型后，数据科学家应该将代码、元数据和文档推送到一个中央存储库，并触发一个 CI/CD 的管道。这种管道的例子可以是：

1. 构建模型

    a. 构建模型工件

    b. 将工件发送到长期存储库

    c. 运行基本检查（冒烟测试 / 健全性检查）

    d. 生成公平性和可解释性报告

2. 部署到测试环境

    a. 运行测试以验证机器学习性能、计算性能

    b. 手动验证

3. 部署到生产环境

    a. 将模型部署为金丝雀

    b. 完全部署模型

由于应用程序、系统应该保护的风险以及组织选择的操作方式不同，可能出现许多场景。一般来说，构建配置 CI/CD 管道的增量方法是首选：团队可以迭代的简单甚至拙劣的工作流通常比从头开始构建复杂的基础设施要好得多。

一个启动项目不具备技术巨头的基础设施要求，而且很难预先知道部署将会面临哪些挑战。业内有通用的工具和最佳实践，但没有放之四海而皆准的 CI/

CD 方法。这意味着前进的最佳途径是从简单（但功能齐全）的 CI/CD 工作流开始，并随着质量或扩展挑战的出现，引入更多或更复杂的步骤。

6.2 创建 ML 工件

持续集成管道的目标是避免将工作从几个贡献者那里合并到一起的不必要的努力，并尽快发现错误或开发冲突。第一步是使用集中的版本控制系统（不幸的是，仅在笔记本电脑中存储的代码上工作数周仍然很常见）。

最常见的版本控制系统是 Git。这是一种开源软件，最初是为了管理 Linux 内核的源代码而开发的。世界上大多数软件工程师已经在使用 Git，并且它越来越多地被科学计算和数据科学所采用。它允许维护一个清晰的变更历史，安全地回滚到代码的前一个版本，在合并到主分支之前，多个贡献者在他们自己的项目分支上工作，等等。

虽然 Git 适用于代码，但它并不是为了存储数据科学工作流中常见的其他类型的资产而设计的，例如大型二进制文件（例如，经过训练的模型权重），也不是为了对数据本身进行版本化。数据版本化是一个更复杂的主题，有许多解决方案，包括 Git 扩展、文件格式、数据库等。

6.2.1 ML 工件里有什么？

一旦代码和数据在一个集中的存储库中，就必须构建一个可测试和可部署的项目包。在 CI/CD 的上下文中，这些包通常被称为工件。以下每个元素都需要捆绑到一个工件中，该工件通过测试管道，并可用于生产部署：

* 模型及其预处理的代码

* 超参数和配置

* 训练和验证数据

* 可运行形式的训练模型

* 环境，包括具有特定版本的库、环境变量等

* 文档

- 测试场景的代码和数据

6.2.2 测试管道

正如第 5 章中提到的，测试管道可以验证工件中包含的模型的各种特性。测试的一个重要操作方面是，除了验证是否符合要求之外，好的测试应该尽可能容易地在失败时诊断问题的源头。

为此，命名测试是非常重要的，仔细选择一些数据集来验证模型是有价值的。例如：

- 可以首先在固定（非自动更新）数据集上执行测试，该数据集具有简单的数据和非限制性的性能阈值，称为"基本情况"。如果测试报告显示这个测试失败了，那么很有可能是模型偏离了方向，例如，原因可能是编程错误或者模型的误用。

- 然后，许多数据集都有一个特定的奇怪之处（缺失值、极值等）可以与适当命名的测试一起使用，以便测试报告立即显示可能导致模型失败的数据类型。这些数据集可以代表真实而显著的案例，但也可以用于生成生产中不期望的合成数据。这可能会保护模型免受尚未遇到的新情况的影响，但最重要的是，这可能会保护模型免受系统查询故障或对抗示例的影响（参见 5.6 节）。

- 最后，模型验证的一个重要部分是对最近的生产数据进行测试。应该使用一个或几个数据集，从几个时间窗口中提取并适当命名。当模型已经部署到生产环境中时，应该执行这类测试并自动进行分析。第 7 章将介绍做到这一点的更具体的细节。

尽可能地自动化这些测试是非常重要的，而且也是高效 MLOps 的关键组成部分。缺乏自动化或自动化速度慢会浪费时间，但更重要的是，它经常会阻碍开发团队进行测试和部署，这可能会延迟发现 bug 或影响设计选择，从而无法部署到生产中。

在极端情况下，开发团队可以将一个月的项目交给一个部署团队，但该团队会简单地拒绝它，因为它不满足生产基础设施的需求。此外，部署频率降低意味着更大的增量，会更难管理。当一次部署了许多变更，而系统没有按照预期的方式运行时，隔离问题的根源更加耗时。

软件工程持续集成最广泛的工具是 Jenkins，这是一个非常灵活的构建系统，允许在不考虑编程语言、测试框架的前提下构建 CI/CD 管道。尽管还有许多其他选择，但 Jenkins 也可以在数据科学中用于编排 CI/CD 管道。

6.3 部署策略

为了理解部署管道的细节，区分经常不一致或可互换使用的概念是很重要的。

集成

将一个贡献文件合并到一个中央存储库（通常将一个 Git 特征分支合并到主分支）并执行或多或少复杂测试的过程。

交付

正如在 CI/CD 的持续交付（CD）部分中所使用的那样，交付是构建一个完全打包并经过验证的模型版本的过程，该版本可以部署到生产环境中。

部署

在目标基础设施上运行新模型版本的过程。全自动部署并不总是实用或理想的，它既是一个业务决策，也是一个技术决策，而持续交付是开发团队提高生产率和质量以及更可靠地衡量进展的工具。持续交付是持续部署所必需的，但它也提供了巨大的价值。

发布

原则上，发布是另一个步骤，因为部署模型版本（甚至部署到生产基础设施上）并不一定意味着生产工作负载指向新版本。正如我们将看到的，一个模型的多个版本可以在生产基础设施上同时运行。

让 MLOps 过程中的每个人都了解这些概念的含义及其应用方式，将使技术和业务流程更加顺畅。

6.3.1 模型部署的类别

除了不同的部署策略之外，还有两种方法来实现模型部署：

- 批处理评分，即整个数据集使用一个模型来处理，例如日常计划作业中的批处理。

- 实时评分，对一条或少量记录进行评分，例如当广告显示在网站上时，模型对用户会话进行评分，以决定显示什么。

这两种方法之间有一个连续体，事实上，在某些系统中，对一个记录进行评分在技术上等同于请求一批记录。在这两种情况下，可以部署模型的多个实例，以提高吞吐量并潜在地降低延迟。

部署许多实时评分系统在概念上更简单，因为要评分的记录可以在几台机器之间分派（例如，使用负载平衡器）。批处理评分也可以并行化，例如通过使用 Apache Spark 这样的并行处理运行时，也可以通过分割数据集（通常称为分区或分片）独立对分区评分。请注意，分割数据和计算这两个概念可以结合起来，因为它们可以解决不同的问题。

6.3.2 将模型发送到生产中时的注意事项

当将新的模型版本发送到生产中时，首先要考虑的通常是避免停机时间，尤其是实时评分。基本思想是，与其关闭系统、升级系统，然后让它重新上线，不如在稳定的系统旁边建立一个新的系统，当它正常工作时，工作负载可以被导向新部署的版本（如果它保持健康，旧的系统就会关闭）。这种部署策略被称为蓝绿（有时也称为红黑）部署。许多变体和框架（如 Kubernetes）可以在本地处理这个问题。

减轻风险的另一个更高级的解决方案是采用金丝雀发布（也称为金丝雀部署）。这个想法是，模型的稳定版本被保留在生产中，但是一定比例的工作负载被重定向到新的模型，并且结果被监控。这种策略通常是为实时评分而实施的，但是也可以考虑将其中一个版本用于批处理。

可以执行许多计算性能和统计测试来决定是否完全切换到新模型，这可能需要以几个工作负载百分比为增量。这样，故障可能只会影响一小部分工作负载。

金丝雀发布适用于生产系统，所以任何故障都是一个事件，但这里的想法是限制爆炸半径。请注意，由金丝雀模型处理的评分查询应该仔细挑选，因为有些问题可能会被忽视。例如，如果金丝雀模型在面向全球发布之前只服务于一小部分国家或地区，则有可能（由于机器学习或基础设施的原因）该模型在其他地区的表现不如预期。

一种更鲁棒的方法是随机选择新模型所服务的用户部分，但是用户体验通常希望实现一种相似性机制，以便相同的用户总是使用相同版本的模型。

金丝雀测试可用于执行 A/B 测试，这是一个根据业务性能指标比较应用程序两个版本的过程。这两个概念是相关的，但并不相同，因为它们在不同的抽象层次上运行。A/B 测试可以通过金丝雀发布来实现，但是它也可以作为直接编码到应用程序的单一版本中的逻辑来实现。第 7 章将提供更多关于设置 A/B 测试的统计方面的细节。

总的来说，金丝雀发布是一个强大的工具，但是它们需要一些高级的工具来管理部署、收集度量、指定和运行计算、显示结果以及发送和处理警报。

6.3.3 生产中的维护

模型一旦发布，就必须维护。从更高的层面来说，有三个主要的维护措施：

资源监控
> 正如在服务器上运行的任何应用程序一样，收集信息技术指标（如中央处理器、内存、磁盘或网络使用情况）对于检测和解决问题非常有用。

健康检查
> 为了检查模型是否确实在线并分析其延迟，通常实施一种健康检查机制，该机制简单地以固定间隔（大约 1 分钟）查询模型并记录结果。

ML 指标监控
> 这是对模型的准确性进行分析，并将其与另一个版本进行比较，或者检测它何时过时。由于可能需要大量计算，这通常以较低的频率（但一如既往，将取决于应用）进行，通常一周做一次。第 7 章将详细介绍如何实现这个反馈回路。

最后，当检测到故障时，可能需要回滚到以前的版本。准备好回滚过程并尽可能实现自动化是至关重要的。定期对它进行测试可以确保它确实有效。

6.4 容器化

如前所述，管理模型的版本不仅仅是将代码保存到版本控制系统中，特别是，有必要提供有关环境的准确描述（例如，包括所有使用的 Python 库及其版本、需要安装的系统依赖项等）。

但是存储这些元数据是不够的。部署到生产环境时，应在目标机器上自动可靠地重建此环境。此外，目标机器通常会同时运行多个模型，并且两个模型可能具有不兼容的依赖版本。最后，在同一台机器上运行的几个模型可能会争夺资源，一个行为不良的模型可能会损害多个协同模型的性能。

容器化技术越来越多地被用来应对这些挑战。这些工具将应用程序与其所有相关的配置文件、库和依赖项捆绑在一起，这些都是应用程序在不同的操作环境中运行所必需的。与虚拟机（VM）不同，容器不复制完整的操作系统，而是多个容器共享同一个操作系统，因此资源效率更高。

最著名的容器化技术是开源平台 Docker，2014 年发布，已经成为实际上的标准。它允许一个应用程序被打包，发送到一个服务器（Docker 主机），并在与其他应用程序隔离的情况下运行它的所有依赖项。

构建一个模型服务环境的基础，该环境可以容纳许多模型，每个模型可以运行多个副本，可能需要多个 Docker 主机。部署模型时，框架应该解决许多问题：

- 哪个 Docker 主机应该接收容器？

- 当一个模型部署在多个副本中时，如何平衡工作负载？

- 如果模型变得无响应，例如，如果托管它的机器出现故障，会发生什么情况？如何检测到这种情况并重新配置容器？

- 如何升级在多台机器上运行的模型，并确保新旧版本顺利切换，以及负载平衡器以正确的顺序进行更新？

Kubernetes 是一个开源平台，在过去几年中获得了很大的关注，并正在成为容器编排的标准，它极大地简化了这些问题和许多其他问题。它提供了一个强大的声明性 API 来运行一组 Docker 主机中的应用程序，称为 Kubernetes 集群。"声明性"这个词的意思是，用户不是试图用代码来表达设置、监控、升级、停止和连接容器的步骤（这可能很复杂并且容易出错），而是在一个配置文件中指定所需的状态，Kubernetes 让它实现，然后维护它。

例如，用户只需指定 Kubernetes "确保该容器的四个实例始终运行"，Kubernetes 将分配主机、启动容器、监控它们，并在其中一个实例失败时启动新的实例。最后，各大云提供商都提供托管 Kubernetes 服务，用户甚至不需要安装和维护 Kubernetes 本身。如果一个应用程序或模型被打包成一个 Docker 容器，用户可以直接提交它，服务将提供所需的机器来运行 Kubernetes 中的一个或几个容器实例。

Docker 与 Kubernetes 可以提供一个强大的基础设施来托管应用程序，包括 ML 模型。这些产品的利用极大地简化了部署策略的实施，如蓝绿部署或金丝雀发布，尽管它们不了解已部署应用程序的性质，因此无法在本地管理机器学习性能分析。这种基础设施的另一个主要优势是能够轻松扩展模型的部署。

6.5 扩展部署

随着 ML 应用的增加，组织面临两种类型的增长挑战：

- 在生产中使用具有大规模数据的模型的能力
- 训练越来越多的模型的能力

处理更多的数据以进行实时评分，通过诸如 Kubernetes 这样的框架变得更加容易。由于大多数时间训练的模型本质上是公式，因此它们可以在集群中复制成所需数量的副本。有了 Kubernetes 的自动扩展特征，新机器的配置和负载平衡都完全由框架处理，建立一个具有巨大扩展能力的系统现在相对简单了。主要的困难是处理大量的监控数据，第 7 章将提供关于这个挑战的一些细节。

可扩展和弹性系统

如果一个计算系统能够逐步增加更多的计算机来扩展它的处理能力，那么这个系统就可以说是水平可扩展的（或者仅仅是可扩展的）。例如，Kubernetes 集群可以扩展到数百台机器。但是，如果一个系统只包含一台机器，对其进行增量升级可能会很困难，在某个时候，需要迁移到更大的机器或水平可扩展的系统（可能非常昂贵，且需要中断服务）。

除了可扩展之外，弹性系统还允许轻松添加和删除资源，以满足计算需求。例如，云中的 Kubernetes 集群可以具有自动扩展功能，当集群使用指标高时自动添加机器，指标低时自动删除机器。原则上，弹性系统可以优化资源的使用，它们会自动适应使用量的增加，而无须永久调配很少需要的资源。

对于批量评分，情况可以更复杂。当数据量变得太大时，基本上有两种类型的策略来分配计算：

- 使用本地处理分布式计算的框架，特别是 Spark。Spark 是一个开源分布式计算框架。了解 Spark 和 Kubernetes 并不扮演相似的角色，而是可以组合在一起，这一点很有用。Kubernetes 编排容器，但是 Kubernetes 并不知道容器实际在做什么。就 Kubernetes 而言，它只是在一个特定主机上运行应用程序的容器。（特别是，Kubernetes 没有数据处理的概念，因为它可以用于运行任何类型的应用程序。）Spark 是一个计算框架，可以在其节点之间分割数据和计算。使用 Spark 的现代方式是通过 Kubernetes。要运行 Spark 作业，所需数量的 Spark 容器由 Kubernetes 启动。一旦启动，它们就可以进行通信来完成计算，之后容器被销毁，资源可用于其他应用程序，包括可能具有不同 Spark 版本或依赖关系的其他 Spark 作业。

- 分布式批处理的另一种方法是对数据进行分区。有许多方法可以实现这一点，但一般的方法是，评分通常是逐行操作（一行接一行地进行评分）的，并且可以以某种方式分割数据，以便几台机器可以各自读取数据的子集，并对行的子集进行评分。

在计算方面，缩放模型的数量稍微简单一些，关键是要增加更多的计算能力，并确保监控基础设施能够处理工作负载。但就治理和流程而言，这是最具挑战性的情况。

特别是，扩展模型的数量意味着 CI/CD 管道必须能够处理大量部署。随着模型数量的增长，对自动化和治理的需求也在增长，因为人工验证不一定是系统的或一致的。

在某些应用程序中，如果通过自动验证、金丝雀发布和自动金丝雀分析很好地控制了风险，就有可能依赖全自动连续部署。由于训练、建立模型、验证测试数据等，可能会有许多基础设施方面的挑战，因此所有这些都需要在集群上执行，而不是在单台机器上执行。此外，随着模型数量的增加，每个模型的 CI/CD 管道可能会有很大的不同，如果什么都不做，每个团队将不得不为每个模型开发自己的 CI/CD 管道。

从效率和治理的角度来看，这是次佳解。虽然一些模型可能需要高度特定的验证管道，但大多数项目可以使用少量的通用模式。此外，维护变得更加复杂，因为实现新的系统验证步骤可能变得不切实际，例如，因为管道不一定共享公共结构，因此不可能安全地更新，即使以编程方式也是如此。共享实践和标准化管道有助于限制复杂性。也可以使用管理大量管道的专用工具，例如，网飞发布的 Spinnaker，一个开源的持续部署和基础设施管理平台。

6.6 需求和挑战

部署模型时，有几种可能的情况：

- 一个模型部署在一台服务器上。
- 一个模型部署在多台服务器上。
- 一个模型的多个版本部署在一台服务器上。
- 一个模型的多个版本部署在多台服务器上。
- 多个模型的多个版本部署在多台服务器上。

通常在生产环境之外，一个有效的记录日志系统应该能够生成集中的数据集，供模型设计人员或 ML 工程师使用。更具体地说，它应该涵盖以下所有情况：

- 系统可以在实时评分用例或批量评分用例中从多个服务器访问和检索评分日志。

- 当一个模型部署在多台服务器上时，系统可以跨服务器处理每个模型的所有信息的映射和聚合。

- 当部署不同版本的模型时，系统可以跨服务器处理模型每个版本的所有信息的映射和聚合。

就挑战而言，对于大规模的机器学习应用程序，如果没有适当的预处理步骤来过滤和聚合数据，则生成的原始事件日志的数量可能是一个问题。对于实时评分用例，记录流数据需要建立一套全新的工具，这需要大量的工程维护工作。然而，在这两种情况下，因为监控的目标通常是估计聚合度量，所以只保存预测的子集可能是可以接受的。

结语

部署到生产是 MLOps 系统的一个关键组成部分，正如本章所剖析的那样，拥有合适的流程和工具可以确保它快速发生。好消息是，许多成功的要素，特别是 CI/CD 最佳实践，并不是新概念。一旦团队理解了如何将它们应用到机器学习模型中，组织将有一个很好的基础来随着 MLOps 与业务的扩展而扩展。

第 7 章

监控和反馈回路

Du Phan

当一个机器学习模型在生产中部署时，它可能会在没有任何警告的情况下迅速降低质量，直到为时已晚（即，它对业务产生了潜在的负面影响）。这就是为什么模型监控是模型生命周期中至关重要的一步，也是模型运行的关键部分（如图 7-1 所示，是整个生命周期的一部分）。

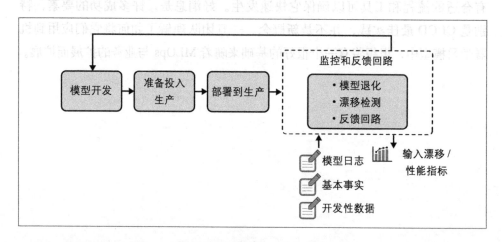

图 7-1：监控和反馈回路在 ML 项目生命周期的大背景下突出显示

机器学习模型需要在两个层面进行监控：

- 在资源层面，包括确保模型在生产环境中正确运行。关键问题包括：系统是否还存在？CPU、RAM、网络使用率和磁盘空间是否符合预期？请求是否以预期的速度得到处理？

- 在性能层面，意味着随着时间的推移监控模型的相关性。关键问题包括：模型仍然是新输入数据模式的准确表示吗？它的性能和设计阶段一样好吗？

第一个层面是传统的 DevOps 主题，在文献中有广泛的论述（在第 6 章中有涉及）。然而，后者更加复杂。为什么？因为一个模型表现得有多好是用来训练它的数据的反映，特别是训练数据代表实时请求数据程度。随着世界的不断变化，如果没有不断的新数据源，静态模型就无法跟上正在出现和发展的新模式。虽然有可能检测出单个预测的大偏差（参见第 5 章），但在有或没有基础事实的情况下，较小但仍然显著的偏差必须在评分行的数据集上进行统计检测。

模型性能监控试图跟踪这种退化，并且在适当的时候，它还会用更具代表性的数据触发模型的再训练。本章将深入探讨数据团队应该如何处理监控和后续再训练。

7.1 模型应该多久接受一次再训练

团队关于监控和再训练的一个关键问题是：模型应该多久再训练一次？不幸的是，没有简单的答案，因为这个问题取决于许多因素，包括：

领域

网络安全或实时交易等领域的领域模型需要定期更新，以跟上这些领域持续不断的变化。物理模型（如语音识别）通常更稳定，因为模式通常不会突然改变。然而，即使是更稳定的物理模型也需要适应变化：如果人咳嗽并且他们的语气发生变化，语音识别模型会发生什么变化？

成本

组织需要考虑再训练的成本是否值得模型性能的提高。例如，如果运行整个数据管道并再训练模型需要一周时间，那么是否值得进行 1% 的改进？

模型性能

在某些情况下，模型性能受到有限数量的训练示例的限制，因此决定再训练取决于收集足够的新数据。

无论在哪个领域，获得基本事实的延迟是定义再训练周期下限的关键。当预测模型的漂移速度有可能超过预测时间和基本事实获取时间之间的滞后时间时，使用预测模型是非常危险的。在这种情况下，如果漂移太大，那么除了撤回模型之外，模型会在没有任何资源的情况下开始给出不好的结果。这在实践中意味着，一个滞后一年的模型不太可能每年接受多次的再训练。

出于同样的原因，一个模型不太可能在比这一滞后时间更短的时间内对收集的数据进行训练。再训练也不会在更短的时间内进行。换句话说，如果模型再训练比滞后发生得更频繁，那么再训练对模型的性能几乎没有影响。

当涉及再训练频率时，还有两个组织界限需要考虑：

一个上限

最好每年进行一次再训练，以确保负责的团队有技能进行再训练（尽管有潜在的人员流动——即对模型进行再训练的人可能不是构建模型的人），并且计算工具链仍然是最新的。

一个下限

以具有近即时反馈的模型为例，例如推荐引擎，其中用户在预测后的几秒钟内点击产品。高级部署方案将涉及影子测试或 A/B 测试，以确保模型按预期运行。因为是统计验证，所以收集所需信息需要一些时间。这必然会为再训练期设定一个下限。即使是简单的部署，该过程也可能允许一些人工验证或手动回滚的可能性，这意味着再训练不太可能一天发生一次以上。

因此，再训练很可能在每天一次到一年一次之间进行。最简单的解决方案是以同样的方式在同样的环境下再训练模型，这是可以接受的。一些关键案例可能需要在生产环境中进行再训练，尽管初始训练是在设计环境中进行的，但再训练方法通常与训练方法相同，因此总体复杂性有限。和往常一样，这条规则有一个例外：在线学习。

无论如何，某种程度的模型再训练肯定是必要的——这不是如果的问题，而是什么时候的问题。在不考虑再训练的情况下部署机器学习模型就像从巴黎向正确的方向发射一架无人驾驶飞机，然后希望它在没有进一步控制的情况下安全降落在纽约市。

好消息是，如果有可能第一次收集足够的数据来训练模型，那么大多数再训练的解决方案都已经存在（可能的例外是在不同环境中使用的交叉训练模型——例如，使用来自一个国家的数据进行训练，但在另一个国家使用）。因此，建立一个便于监控和通知的流程，使组织对已部署模型的漂移和准确性有一个清晰的概念是至关重要的。理想的场景是一个自动触发模型性能退化检查的管道。

需要注意的是，通知的目标不一定是启动再训练、验证和部署的自动化过程。模型性能会因各种原因而改变，再训练可能并不总是答案。重点是提醒数据科学家这一变化，然后，这个人可以诊断问题并评估下一步行动。

因此，作为 MLOps 和 ML 模型生命周期的一部分，数据科学家和他们的管理者以及整个组织（最终是必须处理模型性能退化和任何后续变化的业务后果的实体）理解模型退化是至关重要的。实际上，每个部署的模型都应该带有监控指标和相应的警告阈值，以尽快检测到有意义的业务性能下降。接下来的几节着重于理解这些度量标准，以便能够为特定的模型定义它们。

7.2 理解模型退化

一旦机器学习模型在生产中得到训练和部署，就有两种方法来监控其性能退化：基本事实评估和输入漂移检测。理解这些方法背后的理论和局限性对于确定最佳策略至关重要。

7.2.1 基本事实评估

基本事实再训练需要等待标签事件。例如，在欺诈检测模型中，基本事实是某一特定交易是否实际上是欺诈性的。对于推荐引擎来说，它将是客户是否点击或者最终购买了推荐产品之一。

收集新的基本事实后，下一步是根据基本事实计算模型的性能，并在训练阶段将其与注册的指标进行比较。当差异超过一个阈值时，可以认为该模型已经过时，应该对其进行再训练。

要监控的指标有两种：

- 统计指标，如准确性、ROC AUC（*https://oreil.ly/tY9Bg*）、对数损失（log loss）等。因为模型设计者可能已经选择了这些度量标准中的一个来选择最佳模型，所以它是监控的首选候选。对于更复杂的模型，由于平均性能不够，可能有必要查看由子群体计算的指标。

- 业务指标，如成本效益评估。例如，信用评分业务开发了自己的特定指标（*https://oreil.ly/SqOr5*）。

第一种度量的主要优点是它是与领域无关的，所以数据科学家可能会觉得设置阈值很舒服。为了获得最早的有意义的警告，甚至可以计算 p 值来评估观察到的下降不是由于随机波动引起的概率。

统计入门：从零假设到 p 值

零假设认为被比较的变量之间没有关系；任何结果都是完全偶然的。

替代假设认为被比较的变量是相关的，结果对支持被考虑的理论是有意义的，而不是由于偶然。

统计显著性水平通常表示为 0 到 1 之间的 p 值。p 值越小，应该拒绝零假设的证据就越强。

缺点是这种下降在统计上可能是显著的，而没有任何明显的影响。或者更糟的是，再训练的成本和与重新部署相关的风险可能高于预期收益。业务指标更有趣，因为它们通常有货币价值，使行业专家能够更好地处理再训练决策的成本效益权衡。

如果可能，基本事实监控是最好的解决办法。但是，它可能有问题。有三个主要挑战：

- 基本事实并非总是立竿见影的，甚至是迫在眉睫。对于某些类型的模型，团队需要等待几个月（或更长时间）才能获得基本事实标签，如果模型迅速退化，这可能意味着重大的经济损失。如前所述，部署漂移比滞后快的模型是有风险的。然而，根据定义，漂移是不可预测的，因此具有长滞后的模型需要缓解措施。

- 基本事实和预测是分离的。为了计算已部署的模型在新数据上的性能，有必要能够将基本事实与相应的观测结果相匹配。在许多生产环境中，这是一项具有挑战性的任务，因为这两条信息是在不同的系统中以不同的时间戳生成和存储的。对于低成本或短生命周期的模型，它可能不值得做自动化的基本事实收集。注意这是相当短视的，因为模型迟早需要再训练。

- 基本事实仅部分可用。在某些情况下，检索所有观测结果的基本事实是非常昂贵的，这意味着要选择标记哪些样本，从而无意中给系统带来偏差。

对于最后一个挑战，欺诈检测提供了一个清晰的用例。鉴于每个交易都需要手动检查，且流程需要很长时间，仅针对可疑案例（即模型给出高欺诈概率的案例）建立基本事实是否有意义？乍一看，这种方法似乎是合理的，然而，一个有批判精神的人明白，这会产生一个反馈回路，将放大模型的缺陷。模型从未捕捉到的欺诈模式（即根据模型具有低欺诈概率的模式）在再训练过程中永远不会被考虑在内。

应对这一挑战的一个解决方案可能是随机标记，除了标记为可疑的交易之外，只为交易的子样本建立一个基本事实。另一个解决方案可能是对有偏差的样本进行重新加权，使其特征与总体更加匹配。例如，如果系统很少给予低收入的人信用，模型应该根据他们在申请人，甚至在一般人群中的重要性来重新加权他们。

底线是，无论采取何种缓解措施，标记样本子集必须覆盖所有可能的未来预测，以便训练好的模型能够对任何样本做出良好的预测。这有时意味着为了检查模型是否继续很好地推广而做出次优的决策。

一旦解决了这个问题进行再训练，就可以使用解决方案（重新加权、随机采样）进行监控。输入漂移检测是对这种方法的补充，因为它需要确保覆盖新的、未探索的领域的基本事实可用于再训练模型。

7.2.2 输入漂移检测

鉴于 7.2.1 节中介绍的基本事实再训练的挑战和局限性，一种更实用的方法可能是输入漂移检测。本节深入探讨了漂移背后的逻辑，并介绍了可能导致模型和数据漂移的不同场景。

假设目标是使用 UCI 葡萄酒质量数据集（*https://oreil.ly/VPx17*）作为训练数据来预测波尔多葡萄酒的质量，该数据集包含葡萄牙葡萄酒 Vinho Verde 的红色和白色变体的信息以及 0 到 10 之间变化的质量评分。

每种葡萄酒都具有以下特征：类型、固定酸度、挥发性酸度、柠檬酸、残留糖分、氯化物、游离二氧化硫、总二氧化硫、密度、pH 值、硫酸盐和酒精含量。

为了简化建模问题，假设一款好酒是质量评分等于或大于 7 的酒。因此，我们的目标是建立一个二元模型，根据葡萄酒的属性来预测这个标签。

为了演示数据漂移，我们明确地将原始数据集分为两部分：

- wine_alcohol_above_11，包含酒精含量 11% 及以上的所有葡萄酒
- wine_alcohol_below_11，包含酒精含量低于 11% 的所有葡萄酒

我们将 wine_alcohol_above_11 进行分割，以对我们的模型进行训练和评分，第二个数据集 wine_alcohol_below_11 将被视为新的输入数据，模型部署后需要对其进行评分。

我们人为地制造了一个大问题：葡萄酒的质量不太可能独立于酒精水平。更糟糕的是，酒精水平可能与两个数据集中的其他特征有不同的相关性。因此，在一个数据集上学到的东西（"如果残留糖分低，pH 值高，那么葡萄酒好的概率就高"）在另一个数据集上可能是错误的，因为例如，当酒精水平高时，残留糖分就不再重要了。

从数学上讲，不能假设每个数据集的样本来自同一个分布（即它们不是"同分布"）。另一个数学属性是确保 ML 算法按预期运行所必需的独立性。例如，如果样本在数据集中重复，或者如果给定前一个样本，可以预测"下一个"样本，则该属性被破坏。

让我们假设，尽管有明显的问题，我们在第一个数据集上训练算法，然后在第二个数据集上部署它。由此产生的分布偏移称为漂移。如果酒精水平是 ML 模型使用的特征之一（或者如果酒精水平与模型使用的其他特征相关联），则称为特征漂移，如果不是，则称为概念漂移。

7.3 实践中的漂移检测

如前所述，为了能够及时做出反应，模型行为应仅基于传入数据的特征值进行监控，而无须等待基本事实可用。

逻辑是，如果数据分布（例如，平均值、标准偏差、特征之间的相关性）在训练、测试阶段[注1]和开发阶段之间有差异，这是一个强有力的信号，表明模型的性能不会相同。这不是完美的缓解措施，因为对漂移数据集进行再训练不是一个选项，但它可以是缓解措施的一部分（例如，恢复到更简单的模型、重新加权）。

7.3.1 数据漂移的原因示例

数据漂移有两个常见的根本原因：

- 样本选择偏差，其中训练样本不代表总体。例如，如果为最好的客户提供最好的折扣，建立一个模型来评估折扣计划的有效性将是有偏差的。选择偏差通常源于数据收集管道本身。在葡萄酒的例子中，酒精水平高于11%的原始数据集样本肯定不能代表所有的葡萄酒——这是样本选择的最佳状态。如果保留一些酒精水平超过11%的葡萄酒样本，并根据已部署的模型所能看到的葡萄酒数量中的预期比例进行重新称重，这种情况本可以得到缓解。请注意，这项任务在现实生活中说起来容易做起来难，因为有问题的特征通常是未知的，甚至可能不可用。

- 非平稳环境，从源群体中收集的训练数据不代表目标群体。这通常发生在依赖时间的任务中（例如预测用例），具有很强的季节性影响，在这种情况下，在给定的一个月内学习一个模型不会推广到另一个月。回到葡萄酒的例子：我们可以想象这样一种情况，原始数据集样本只包括特定年份的葡萄酒，这可能代表一个特别好（或不好）的年份。根据这些数据训练的模型可能无法推广到其他年份。

7.3.2 输入漂移检测技术

在了解了可能导致不同类型漂移的情况后，下一个逻辑问题是：如何检测漂移？本节介绍两种常见的方法。它们之间的选择取决于预期的可解释性水平。

需要经过验证和可解释的方法的组织应该更喜欢单变量统计测试。如果同时涉及几个特征的复杂漂移是可以预期的，或者如果数据科学家想要重用他们已经知道的，并且假设组织不害怕黑盒效应，域分类器方法也可能是一个好的选项。

注 1： 评估训练数据集和测试数据集之间的漂移也是可取的，尤其是当测试数据集落后于训练数据集时。详见 4.5.1 节。

单变量统计测试

该方法要求对每个特征的源分布和目标分布的数据进行统计测试。当这些测试的结果很重要时，将会发出警告。

文献中对假设检验的选择进行了广泛研究，但基本方法依赖于这两种检验：

- 对于连续特征，Kolmogorov-Smirnov 检验是非参数假设检验，用于检查两个样本是否来自同一分布。它测量经验分布函数之间的距离。

- 对于分类特征，卡方检验是一种实用的选择，用于检查目标数据中分类特征的观察频率是否与源数据中的预期频率相匹配。

p 值的主要优点是它们有助于尽可能快地检测漂移。主要缺点是它们检测到一种影响，但它们不能量化影响的程度（即，在大型数据集上，它们检测到非常小的变化，这些变化可能完全没有影响）。因此，如果开发数据集非常大，就有必要用业务重要的指标来补充 p 值。例如，在一个足够大的数据集上，从统计的角度来看，平均年龄可能有显著的漂移，但是如果漂移只有几个月，这对于许多业务用例来说可能是一个微不足道的值。

领域分类器

在这种方法中，数据科学家训练一个模型，该模型试图区分原始数据集（输入特征和可选的预测目标）和开发数据集。换句话说，他们将两个数据集进行叠加，并训练一个旨在预测数据来源的分类器。模型的性能（例如，它的精度）可以被认为是漂移水平的度量。

如果这个模型在它的任务中是成功的，并且因此具有高漂移评分，这意味着训练时使用的数据和新数据可以被区分开来，所以可以说新数据已经漂移了。为了获得更多的洞见，特别是为了识别造成漂移的特征，可以使用训练模型的特征重要性。

结果解释

领域分类器和单变量统计测试都指出特征或目标对解释漂移的重要性。归因于目标的漂移很重要，因为它经常直接影响业务的底线。（想一想，例如信用评分：如果整体评分较低，那么授予贷款的数量很可能会较低，因此收入也会较低。）归因于特征的漂移有助于减轻漂移的影响，因为它可能暗示需要：

- 根据该功能重新加权（例如，如果 60 岁以上的客户现在占用户的 60%，但在训练集中仅占 30%，则加倍他们的权重并再训练模型）。
- 删除该功能并在没有该功能的情况下训练新模型。

在所有情况下，如果检测到漂移，自动操作不太可能存在。如果部署再训练的模型成本很高，就可能发生这种情况：只有当基于基本事实的性能下降或检测到显著漂移时，模型才会根据新数据进行再训练。在这种特殊的情况下，新的数据确实可以用来减轻这种漂移。

7.4 反馈回路

所有有效的机器学习项目都实施一种形式的数据反馈回路，也就是说，来自生产环境的信息流回模型原型环境，以便进一步改进。

从图 7-2 中可以看出，在监控和反馈回路中收集的数据被发送到模型开发阶段（关于这些数据的细节在第 6 章中有所介绍）。从那里，系统分析模型是否如预期的那样工作。如果是，则无须采取任何措施。如果模型性能下降，数据科学家将自动或手动触发更新。在实践中，正如本章开头所看到的，这通常意味着要么用新的标记数据再训练模型，要么开发一个具有附加特征的新模型。

无论是哪种情况，目标都能够捕捉新兴的模式，并确保业务不会受到负面影响。该基础设施由三个主要组成部分组成，除了本章第一部分中讨论的概念之外，这些组成部分对于鲁棒的 MLOps 系统功能也至关重要：

- 从多个生产服务器收集数据的日志记录系统。
- 在不同模型版本之间进行版本控制和评估的模型评估存储。
- 在生产环境中进行模型比较的在线系统，可以使用影子评分（冠军／挑战者）设置，也可以使用 A/B 测试。

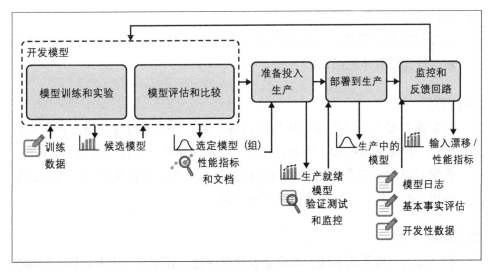

图 7-2：端到端机器学习过程的连续交付

以下各节分别介绍了这些组成部分，包括它们的目的、关键特征和挑战。

7.4.1 日志

监控一个有或没有机器学习组件的实时系统，意味着收集和聚合关于其状态的数据。如今，随着生产基础设施变得越来越复杂，多个模型同时部署在多个服务器上，有效的日志记录系统比以往任何时候都更加重要。

来自这些环境的数据需要集中起来，以便自动或手动进行分析和监控。这将使 ML 系统的持续改进成为可能。机器学习系统的事件日志是带有时间戳和以下信息的记录。

模型元数据
模型和版本的标识。

模型输入
新观测值的特征值，允许验证新的输入数据是否是模型所期望的，从而允许数据漂移检测（如前一节所述）。

模型输出

由模型做出的预测，连同随后收集的基本事实，给出了关于生产环境中模型性能的具体想法。

系统行为

模型预测很少是机器学习应用的最终产品。更常见的情况是，系统将根据这一预测采取行动。例如，在欺诈检测用例中，当模型给出高概率时，系统可以阻止交易或者向银行发送警告。这类信息很重要，因为它会影响用户的反应，从而间接影响反馈数据。

模型解释

在一些高度监管的领域，如金融或医疗保健，预测必须附有解释（即哪些特征对预测影响最大）。这种信息通常通过诸如夏普利值计算等技术来计算，并应记录下来以识别模型的潜在问题（如偏差、过拟合）。

7.4.2 模型评估

一旦日志系统就位，它会定期从生产环境中获取数据进行监控。一切都很顺利，直到有一天触发了数据漂移警报：传入的数据分布偏离了训练数据分布。模型性能有可能下降。

经过审查，数据科学家决定使用本章前面描述的技术，通过再训练来改进模型。对于几个经过训练的候选模型，下一步是将它们与已部署的模型进行比较。实际上，这意味着在同一数据集上评估所有模型（候选模型以及已部署的模型）。如果其中一个候选模型的性能优于已部署的模型，有两种方法可以继续：要么在生产环境中更新模型，要么通过冠军／挑战者或 A/B 测试设置进行在线评估。

简而言之，这就是模型存储的概念。它是一种允许数据科学家进行以下操作的结构：

- 将多个新培训的模型版本与现有的已部署版本进行比较。
- 将全新的模型与其他已标记数据的模型的版本进行比较。

- 随着时间的推移跟踪模型性能。

从形式上来说，模型评估库是一种将与模型生命周期相关的数据集中起来进行比较的结构（但请注意，只有当模型解决了相同的问题时，比较模型才有意义）。根据定义，所有这些比较都归入一个逻辑模型的范畴。

逻辑模型

构建机器学习应用程序是一个迭代过程，从部署到生产、监控性能、检索数据，并寻找方法来改进系统解决目标问题的方式。有许多方法可以进行迭代，其中一些已经在本章中讨论过，包括：

- 在新数据上再训练相同的模型。
- 向模型添加新特征。
- 开发新算法。

出于这些原因，机器学习模型本身不是静态对象，它会随着时间不断变化。因此，拥有更高的抽象层次来推理机器学习应用程序是有帮助的，这被称为逻辑模型。

逻辑模型是旨在解决业务问题的模型模板及其版本的集合。通过在给定数据集上训练模型模板来获得模型版本。相同逻辑模型的模型模板的所有版本通常可以在相同种类的数据集上进行评估（即在具有相同特征定义或模式的数据集上）。然而，如果问题没有改变，但是可用于解决问题的特征改变了，情况可能就不是这样了。模型版本可以使用完全不同的技术来实现，甚至可以有几个相同模型版本的实现（Python、SQL、Java 等）。无论如何，如果给定相同的输入，它们应该给出相同的预测。

让我们回到本章前面介绍的葡萄酒例子。部署三个月后，有了关于酒精含量较低的葡萄酒的新数据。我们可以在新数据上再训练我们的模型，从而使用相同的模型模板获得新的模型版本。在调查结果的同时，我们发现新的模式正在出现。我们可能决定创建新的特征来捕获这些信息并将其添加到模型中，或者我们可能决定使用另一种 ML 算法（如深度学习）来代替 XGBoost。这将产生一个新的模型模板。

因此，我们的模型有两个模型模板和三个版本：

- 第一个版本是基于原始模型模板的实时生产版本。
- 第二个版本基于原始模板，但使用新数据进行训练。
- 第三个版本使用基于深度学习的模板和附加特征，并使用与第二个版本相同的数据进行训练。

然后，关于在各种数据集（训练时使用的测试数据集和训练后可能被评分的开发数据集）上评估这些版本的信息被存储在模型评估存储中。

模型评估存储

需要提醒的是，模型评估存储是集中与模型生命周期相关的数据以进行比较的结构。模型评估存储的两个主要任务是：

- 对逻辑模型随时间的演变进行版本控制。逻辑模型的每个记录版本都必须包含与其训练阶段相关的所有基本信息，包括：
  - 所用特征列表
  - 应用于每个特征的预处理技术
  - 所用算法以及所选超参数
  - 训练数据集
  - 用于评估训练模型的测试数据集（这是版本比较阶段所必需的）
  - 评估指标
- 比较逻辑模型不同版本之间的性能。要决定部署逻辑模型的哪个版本，必须在同一个数据集上评估所有版本（候选版本和已部署版本）。

选择要评估的数据集至关重要。如果有足够的新标记数据来给出模型性能的可靠估计，那么这是首选，因为它最接近我们在生产环境中期望接收的数据。另外，我们可以使用已部署的模型的原始测试数据集。假设数据没有漂移，这使我们对候选模型相对于原始模型的性能有了具体的了解。

确定最佳候选模型后，工作尚未完成。在实践中，模型的离线和在线性能之间往往存在很大差异。因此，将测试带到生产环境中至关重要。面对真实数据，这一在线评估对候选模型的行为给出了最真实的反馈。

7.4.3 在线评估

从商业角度来看，对生产中的模型进行在线评估至关重要，但从技术角度来看，这可能具有挑战性。在线评估有两种主要模式：

- 冠军/挑战者（也称为影子测试），其中候选模型对已部署的模型进行影子测试，并对相同的实时请求进行评分。
- A/B测试，其中候选模型对一部分实时请求进行评分，而已部署的模型对其他模型进行评分。

这两种情况都需要基本事实，所以评估需要的时间必然比预测和基本事实之间的滞后时间要长。此外，只要有可能进行影子测试，就应该在A/B测试之上使用它，因为它更容易理解和设置，并且可以更快地检测差异。

冠军/挑战者

冠军/挑战者包括向生产环境部署一个或几个额外的模型（挑战者）。这些模型接收和评分与活动模型（冠军）相同的传入请求。然而，它们不会向系统返回任何响应或预测：这仍然是旧模型的工作。这些预测被简单地记录下来以供进一步分析。这就是为什么这种方法也被称为"影子测试"或"黑暗发射"。

这种设置允许两件事：

- 验证新型号的性能比旧型号好，或者至少和旧型号一样好。因为这两个模型是基于相同的数据进行评分的，所以在生产环境中可以直接比较它们的准确性。请注意，这也可以通过在由冠军模型评分的新请求组成的数据集上使用新模型来离线完成。
- 测量新模型如何处理实际负载。因为新模型可以有新的特征、新的预处理技术，甚至新的算法，所以请求的预测时间不会与原始模型的预测时间相同，并且对这种变化有一个具体的想法是很重要的。当然，这是在线评估主要优势。

这种部署方案的另一个优点是，数据科学家或ML工程师可以让其他利益相关者看到未来的冠军模型：挑战者模型的结果不会被锁定在数据科学环境中，

而是暴露给业务领导者，这降低了切换到新模型的感知风险。

为了能够比较冠军和挑战者模型，必须为两者记录相同的信息，包括输入数据、输出数据、处理时间等。这意味着更新日志记录系统，以便能够区分两个数据源。

两个模型都要部署多久才能明确一个比另一个好？足够长的时间可以抑制由于随机性造成的度量波动，因为已经进行了足够多的预测。这可以通过检查度量估计不再波动或进行适当的统计测试（因为大多数度量是逐行得分的平均值，最常见的测试是配对样本 T 检验）来进行图形评估，该测试产生一个度量高于另一个度量的观察概率是由这些随机波动引起的。度量差异越大，确保差异显著所需的预测就越少。

根据用例和冠军／挑战者系统的实施情况，服务器性能可能是一个问题。如果同步调用两个内存密集型模型，它们会降低系统速度。这不仅会对用户体验产生负面影响，还会破坏收集的关于模型功能的数据。

另一个问题是与外部系统的通信。如果这两个模型使用外部应用编程接口来丰富它们的特征，那么对这些服务的请求数量就会翻倍，从而成本也会翻倍。如果该 API 有一个缓存系统，那么第二个请求将比第一个请求处理得快得多，这可能会在比较两个模型的总预测时间时影响结果。请注意，挑战者可能仅用于传入请求的随机子集，这将减轻负载，但代价是在得出结论之前增加时间。

最后，在实现挑战者模型时，确保它不会对系统的行为产生任何影响是很重要的。这意味着两种情况：

- 当挑战者模型遇到意外问题并失败时，生产环境在响应时间方面不会出现任何中断或退化。
- 系统采取的行动仅取决于冠军模型的预测，并且它们只发生一次。例如，在一个欺诈检测用例中，假设挑战者模型被错误地直接插入系统，对每笔交易收费两次——这是一个灾难性的场景。

一般来说，需要在日志记录、监控和服务系统上花费一些精力，以确保生产环境正常运行，并且不会受到来自挑战者模型的任何问题的影响。

A/B 测试

A/B 测试（测试 A 和 B 两个变量的随机实验）是网站优化中广泛使用的技术。对于 ML 模型，应该只在冠军/挑战者不可能的情况下使用。当遇到以下场景时，这种情况可能会发生：

- 不能对两种模型都评估基本事实。例如，对于推荐引擎，预测给出给定客户可能点击的项目列表。因此，如果一个项目没有出现，就不可能知道客户是否会点击。在这种情况下，将不得不进行某种 A/B 测试，在这种测试中，将向一些客户展示模型 A 的建议，以及模型 B 的一些建议。同样，对于欺诈检测模型，由于需要繁重的工作来获得基本事实，对于两个模型的积极预测，可能无法这样做，这将大大增加工作量，因为只有一个模型可以检测到一些欺诈。因此，仅将 B 模型随机应用于一小部分请求将允许工作负载保持不变。

- 优化的目标仅与预测的性能间接相关。想象一个基于 ML 模型的广告引擎，它预测用户是否会点击广告。现在假设它是根据购买率来评估的，即用户是否购买了产品或服务。还是那句话，对于两种不同的模型，不可能记录用户的反应，所以在这种情况下，A/B 测试是唯一的办法。

整本书都致力于 A/B 测试，所以这一部分只介绍它的主要思想和一个简单的演练。与冠军/挑战者框架不同，通过 A/B 测试，候选模型返回对某些请求的预测，而原始模型处理其他请求。一旦测试周期结束，统计测试将比较两个模型的性能，团队可以根据这些测试的统计显著性做出决策。

在 MLOps 的背景下，需要进行一些考虑。表 7-1 给出了这些注意事项的演练。

表 7-1：MLOps 中 A/B 测试的注意事项

阶段	MLOps 注意事项
在 A/B 测试之前	定义一个明确的目标：一个需要优化的量化业务指标，如点击率定义一个精确的群体：仔细选择测试的一个部分，以及一个确保组间没有偏差的分割策略。（这是通过药物研究推广的所谓实验设计或随机对照试验。）这可能是随机分割，也可能比较复杂。例如，这种情况可能要求特定客户的所有请求都由同一个模型处理

表 7-1：MLOps 中 A/B 测试的注意事项（续）

阶段	MLOps 注意事项
	定义统计协议：使用统计测试比较结果度量，否定或保留零假设。为了使结论可靠，团队需要预先定义期望的最小效果大小的样本大小，这是两个模型的性能度量之间的最小差异。团队还必须确定一个测试持续时间（或者有一个方法来处理多个测试）。请注意，对于相似的样本大小，检测有意义的差异的能力将低于冠军／挑战者，因为必须使用不成对的样本测试。（通常不可能将用模型 B 评分的每个请求与用模型 A 评分的请求进行匹配，而对于冠军／挑战者，这是微不足道的。）
在 A/B 测试期间	重要的是在测试结束之前不要停止实验，即使统计测试开始返回显著的度量差异。这种做法（也称为 p-hacking）会产生不可靠和有偏见的结果，因为它选择了期望的结果。
A/B 测试结束后	一旦测试结束，检查收集的数据，以确保质量良好。从那里开始运行统计测试。如果度量差异在统计上显著有利于候选模型，则可以用新版本替换原始模型。

结语

普通软件是为了满足规范而构建的。一旦应用程序被部署，它实现其目标的能力不会降低。相比之下，机器学习模型的目标是由它们在给定数据集上的性能来统计定义的。因此，当数据的统计属性发生变化时，它们的性能会发生变化，通常情况会更糟。

除了普通的软件维护需求（bug 修正、发布升级等），这种性能漂移必须被仔细监控。我们已经看到，基于基本事实的性能监控是基石，而漂移监控可以提供早期预警信号。在可能的漂移缓解措施中，主力无疑是对新数据的再训练，而模型修改仍然是一种选择。一旦一个新的模型准备好部署，其改进的性能可以通过影子评分或作为第二选择的 A/B 测试来验证。这使得能够证明新模型更好，以便提高系统的性能。

第 8 章

模型治理

Mark Treveil

在第 3 章中,我们探讨了治理作为一组对业务的控制的思想。这些目标旨在确保企业向所有利益相关方(从股东和员工到公众和国家政府)交付责任。责任包括金融、法律和道德,并且都是由对公平的渴望所支撑的。

这一章将对这些主题进行更深入的探讨,从它们的重要性转移到组织如何将它们作为其 MLOps 战略的一部分。

8.1 由谁决定组织的治理需求

国家法规是维护公平社会框架的重要组成部分。但这些需要相当长的时间来达成一致和实施。它们总是反映了对公平的一种略微过去的理解及其挑战。正如 ML 模型一样,过去不能总是预测未来不断演变的问题。

大多数企业希望从治理中获得的是保护股东投资,并帮助确保合适的投资回报率(ROI),无论是现在还是未来。这意味着企业必须高效、盈利和可持续地运行。股东们需要清楚地看到客户、员工和监管机构是满意的,他们希望得到保证,确保有适当的措施来发现和管理未来可能发生的任何困难。

当然,这些都不是新闻,也不是针对 MLOps 的。与 ML 不同的是,它是一种新的、往往不透明的技术,有许多风险,但它正迅速嵌入影响我们生活各个方面的决策系统中。基于大量被认为代表真实世界的数据,ML 系统发明了它们自己的统计驱动的决策过程，通常非常难以理解。不难看出会出什么问题！

也许对 ML 治理方向最令人惊讶的影响是舆论，它的发展比正式的法规要快得多。它不遵循正式的程序或礼仪。不一定要基于事实或理由。舆论决定人们购买什么产品、把钱投资到哪里，以及政府制定什么规章制度。舆论决定什么是公平，什么是不公平。

例如，开发转基因作物的农业生物技术公司在 20 世纪 90 年代痛苦地感受到了舆论的力量。当关于是否存在健康风险的争论不断时，欧洲的舆论开始反对转基因，而这些作物在许多欧洲国家已经被禁止。与 ML 的相似之处显而易见：ML 给所有人带来好处，但也带来了风险，如果公众要信任它，就需要对这些风险进行管理。没有公众的信任，这些利益就不会完全实现。

需要让大众放心，ML 是公平的。被认为"公平"的东西，不是一本规则书定义的，也不是固定的。它会随着事件的变化而波动，在世界范围内也不总是一样的。目前，人们对 ML 的看法还不一致。大多数人更喜欢有针对性的广告，他们喜欢自己的车能够阅读限速标志，而改进欺诈检测能力最终会为他们省钱。

但是也有一些广为人知的丑闻动摇了公众对这项技术的接受程度。Facebook – 剑桥分析公司利用 ML 的力量在社交媒体上操纵舆论的事件震惊了世界。这看起来像是带有明显恶意意图的 ML。同样糟糕的是在完全无意伤害的情况下，ML 的黑匣子判断被证明是不可接受的和非法的偏见标准，如种族或性别，例如在刑事评估系统（*https://oreil.ly/ddM8A*）和招聘工具（*https://oreil.ly/VPWi0*）中。

如果企业和政府想从 ML 中获益，它们必须保护公众对它的信任，并积极应对风险。对于企业来说，这意味着对他们的 MLOps 过程进行强有力的治理。他们必须评估风险，确定自己的公平价值观，然后实施必要的流程来管理它们。这在很大程度上是关于良好的内务治理，并额外关注减轻 ML 的固有风险，解决数据来源、透明度、偏差、性能治理和再现性等主题。

8.2 将治理与风险级别相匹配

治理不是免费的午餐，这需要努力、纪律和时间。

从业务利益相关者的角度来看，治理可能会减缓新模型的交付，这可能会耗费业务资金。对于数据科学家来说，治理看起来像是一大堆削弱他们完成工作能力的官僚主义。相比之下，那些负责管理风险的人和管理部署的 DevOps 团队会认为严格的全面治理应该是强制性的。

负责 MLOps 的人员必须处理不同用户配置文件之间内在的紧张关系，在高效完成工作和防范所有可能的威胁之间取得平衡。这种平衡可以通过评估每个项目的特定风险，并将治理过程与该风险级别相匹配来实现。在评估风险时，有几个方面需要考虑，包括：

- 模型的受众

- 模型的生命周期及其结果

- 结果的影响

此评估不仅应确定所应用的治理措施，还应推动完整的 MLOps 开发和部署工具链。

例如，一个自助分析（SSA）项目（一个由小部分内部受众使用的项目，通常由业务分析师构建）需要相对轻量级的治理。相反，部署到面向公众的网站的模型做出影响人们生活或公司财务的决策时，需要一个非常彻底的过程。该过程将考虑企业选择的关键绩效指标的类型、用于所需解释水平的模型构建算法的类型、使用的编码工具、文档和再现性的水平、自动化测试的水平、硬件平台的弹性以及实施的监控类型。

但是商业风险并不总是那么明显。做出具有长期影响的决策的 SSA 项目也可能是高风险的，并且可以证明更强的治理措施是合理的。这就是为什么从整体上来说，团队需要深思熟虑的、定期审查的策略来进行 MLOps 风险评估（参见图 8-1，了解项目重要性和操作化的分解）。

项目重要性	运营化定义	生成器自主性	版本控制	资源分离	IT 服务等级协定和支持	集成到外部系统
不规则的临时使用	在设计节点上运行 SSA	☆☆☆	—	—	—	—
已计划，但可以不运作一小段时间	自助开发和排程	☆☆☆	☆☆☆	☆☆	—	—
已计划并需要特定监控	具有粗略质量保证和排程的轻量化部署过程	★	★★★	★★★	★	—
业务项目，它不能受到中断	完全受控的部署 CI/CD	—	★★★	★★★	★★★	★★★

图 8-1：根据项目重要性，选择合适的操作模型和多层操作特征

8.3 推动 MLOps 治理的现行法规

当今世界上几乎没有专门针对 ML 和人工智能的法规。然而，许多现有的法规确实对 ML 治理有重大影响。有两种形式：

- 特定行业的法规，在金融和制药部门尤为重要。
- 广泛的法规，特别是解决数据隐私问题。

以下几节概述了一些最相关的法规。它们与 MLOps 治理挑战的相关性是惊人的，这些法规很好地表明了在整个行业中需要什么样的治理措施来建立和保持对 ML 的信任。

即使对于那些在没有具体规定的行业工作的人员来说，下面几节也可以给出一个简单的想法，即世界范围内的组织，无论在哪个行业，在机器学习控制的具体程度方面，将来可能会面临什么。

8.3.1 美国药品法规：GxP

GxP（*https://oreil.ly/eg3J2*）是美国食品药品监督管理局（FDA）制定的质量

指南（如良好临床实践或 GCP 指南）和法规的集合，旨在确保生物和药物产品的安全性。

GxP 的指南侧重于：

- 可追溯性，或重现药物或医疗器械发展历史的能力。
- 问责制，即谁在何时为药物的发展做出了贡献。
- 数据完整性（DI）（*https://oreil.ly/G_wyS*），或开发和测试中使用的数据的可靠性。这基于 ALCOA 原则：可追溯性、清晰性、同步性、原始性和准确性，考虑因素包括识别风险和缓解策略。

8.3.2 金融模型风险治理法规

在金融中，模型风险是指当用于对可交易资产进行决策的模型被证明不准确时，发生损失的风险。这些模型，比如布莱克 - 斯科尔斯模型，早在 ML 到来之前就已经存在了。

模型风险治理（MRM）法规受到非常事件影响的经验的推动，例如金融崩溃，以及如果发生严重损失，对公众和更广泛的经济造成的损害。自 2007 ~ 2008 年金融危机以来，为了强制实施良好的 MRM 实践，业内出台了大量额外的法规（如图 8-2 所示）。

例如，英国审慎监管局（PRA）的法规（*https://oreil.ly/tmxVg*）为良好的 MRM 定义了四个原则：

模型定义
定义一个模型，并将此类模型记录在库存中。

风险治理
建立模型风险治理框架、政策、程序和控制。

生命周期管理
创建鲁棒的模型开发、实现和使用过程。

进行适当的模型验证和独立审查。

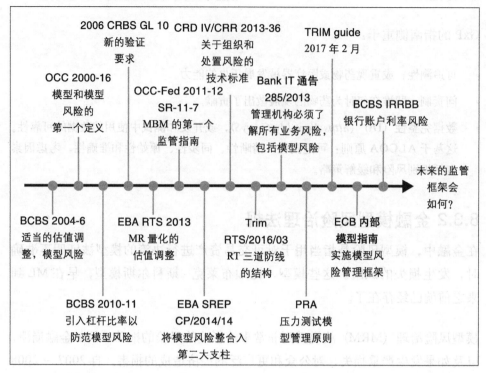

图 8-2：模型风险治理法规的历史

8.3.3 GDPR 和 CCPA 数据隐私法规

欧盟通用数据保护条例（GDPR）于 2018 年首次实施，为收集和处理居住在欧盟的公民的个人信息制定了指导方针。然而，它是在互联网时代开发的，所以它实际上适用于任何网站的欧盟访问者，无论该网站位于哪里。由于很少有网站希望将欧盟访问者排除在外，世界各地的网站都被迫满足这些要求，这使得 GDPR 成为数据保护的实际标准。这些规定旨在让人们能够控制 IT 系统收集的个人数据，包括以下权利：

* 了解收集或处理的数据。

* 访问收集的数据并了解其处理过程。

* 纠正不准确的数据。

- 被遗忘（即删除数据）。

- 限制个人数据的处理。

- 获得收集的数据并在其他地方重复使用。

- 反对自动决策。

《加州消费者隐私法案》（CCPA）在保护对象和内容方面与 GDPR 非常相似，尽管其领域、地域范围和经济处罚都比较有限。

8.4 新一轮人工智能特定法规

在全球范围内，一轮专门针对人工智能应用（以及所有 ML 应用）的新法规和指南正在出现。欧盟正率先尝试建立一个值得信赖的人工智能框架。

在一份关于人工智能的白皮书（*https://oreil.ly/rhzo5*）中，欧盟强调了 AI 对各行各业的潜在好处。同样，它也强调了围绕人工智能滥用的丑闻和人工智能潜在发展危险的警告并没有被忽视。欧盟认为，基于其基本价值观的法规框架"将使其成为数据经济及其应用创新的全球领导者"。

欧盟确定了人工智能应用应遵守的 7 项关键要求，以确保其值得信赖：

- 人类机构和监督

- 技术鲁棒性和安全性

- 隐私和数据治理

- 透明度

- 多样性、非歧视性和公平性

- 社会和环境福祉

- 问责制

欧盟的方法不是放之四海而皆准的：它将主要影响特定的高风险部门，包括医疗保健、交通、能源和部分公共部门。预计这些法规对其他行业来说是可选的。

与 GDPR 一样，欧盟的做法可能会在全球产生影响。考虑到公众对人工智能使用的信任对其业务的重要性，许多大型组织也可能会决定选择使用人工智能。即使对于那些没有选择加入的人来说，该框架也可能建立一种关于人工智能治理的思维方式，并将影响他们的方法。

表 8-1 概述了全球人工智能治理计划的一些现状。所有人都在走一条明显相似的道路，尽管规定的程度反映了他们传统上截然不同的监管方式。

表 8-1：全球人工智能治理计划的现状

地区和组织	阶段	聚焦中心	下一步
经合组织	引导	• 42 个签署国 • 可靠人工智能负责任管理的 5 项原则：包容性增长、以人为本和公平、透明度和可解释性、鲁棒性和问责制 • 对国家政策的建议	
欧盟	引导 沟通 指导 法规	• 对高风险活动（部门 X 影响），有约束力，可选择是否为其他人贴标签 • 具体针对模型的公平性、鲁棒性和可审计性，混合政策和控制，整合环境和社会影响方面的强烈道德考虑	• 2020 年底 / 2021 年初的指导 • 转化为国家制度
新加坡	引导	• 积极的、基于非制裁的方法，专注于在组织层面实施 AI 治理的实际步骤 • 最佳实践中心，支持经济论坛层面的人工智能治理工作	• 2020 年底 / 2021 年初的法规
美国	引导 沟通 法规	• 为制定特定行业的指导方针或法规而发布的联邦指导方针 • 注重公信力和公正性；没有更广泛的道德考虑	
英国	引导	• 高层次的指导方针；无约束力且覆盖面广泛	

表 8-1: 全球人工智能治理计划的现状（续）

地区和组织	阶段	聚焦中心	下一步
澳大利亚	引导	• 发布了详细的指导方针，整合了道德和对终端消费者保护的强烈关注	

8.5 负责任的人工智能的出现

随着数据科学、机器学习和人工智能在世界范围内的加速采用，人工智能思想家之间出现了一种松散的共识。这种共识最常见的旗帜是负责任的人工智能：开发负责任、可持续和可治理的机器学习系统的想法。本质上，人工智能系统应该做它们应该做的事情，随着时间的推移保持可靠，并且具有良好的控制和可审计性。

负责任的人工智能没有严格的定义，也没有用于构建它的术语，但是在总体考虑因素上，以及在很大程度上实现这一目标的所需条件上，各方达成了一致的意见（见表 8-2）。尽管缺乏推动这一举措的单一机构，但负责任的人工智能已经对集体思维产生了重大影响，尤其是对欧盟值得信赖的人工智能监管机构。

表 8-2: 负责任的人工智能的组成部分，是 MLOps 越来越重要的一部分

意向性	问责制
必须具备：	必须具备：
• 模型的设计和行为符合其目的的保证	• 集中控制、管理和审计企业人工智能工作的能力（没有影子信息技术）
• 用于人工智能项目的数据来自合规和无偏见的来源，加上确保对潜在模型偏差的多重检查和平衡的人工智能项目的协作方法保证	• 对哪些团队正在使用哪些数据、如何使用以及在哪些模型中使用的总体看法
• 意向性还包括可解释性，这意味着人工智能系统的结果应该可以由人类解释（理想情况下，不仅仅是创建系统的人类）	• 相信数据是可靠的，并且是根据法规收集的，以及集中了解哪些模型正用于哪些业务流程。这与可追溯性密切相关——如果出了问题，是否很容易找到管道中发生问题的位置？

以人为本的方法
为人们提供工具和训练，让他们了解并执行这两个组成部分

8.6 负责任的人工智能的关键要素

负责任的人工智能是关于数据从业者的责任，而不是人工智能本身的责任：这是一个非常重要的区别。另一个重要的区别是，根据 Dataiku 公司 Kurt Muemel 的说法，"这不一定是有意伤害，而是意外伤害"。

本节将介绍负责任的人工智能思维中的五个关键要素——数据、偏见、包容性、模型规模管理和治理——以及每个要素的 MLOps 考虑。

8.6.1 要素 1：数据

对数据的依赖是 ML 和传统软件开发的根本区别。所用数据的质量将对模型的准确性产生最大的影响。现实世界的一些考虑如下：

- 来源为王。了解数据是如何收集的，以及如何到达使用点。
- 从桌面获取数据。数据必须是可治理的、安全的和可追踪的。个人资料必须严格管理。
- 长期数据质量：一致性、完整性和所有权。
- 带偏差的数据进去就会导致有偏差的模型出来。而且有偏差的输入数据很容易不经意地出现。

8.6.2 要素 2：偏见

ML 预测建模关于建立一个系统来识别和利用现实世界中的趋势。在某些地方，由特定类型的人驾驶的特定类型的汽车对保险公司来说可能比其他公司更贵。但是匹配一个模式总是被认为是道德的吗？什么时候这种模式匹配是按比例的，什么时候这是一种不公平的偏见？

确立什么是公平并不明确。甚至使用流失模型给更有可能离开的客户返点，也可能被认为对购买同样产品愿意支付更多费用的忠实客户不公平。法规是一个开始寻找公平的地方，但正如已经讨论过的，意见不是普遍的，也不是固定的。即使对工作中的公平约束有了清晰的理解，实现它们也并不简单。当对女子学校有偏见的招聘系统的开发人员修改模型以忽略"女子"这样的词时，他们发现甚至简历中的语言语气也反映了作者的性别，并对女性产生了不必要的偏见（*https://oreil.ly/JEIL7*）。解决这些偏见对将要建立的机器学习模型有着深刻的影响（详见 4.5.3 节）。

退一步说，这些偏见问题并不新鲜；例如，雇佣歧视一直是一个问题。新消息是，由于信息技术革命，评估偏见的数据更加容易获得。最重要的是，由于机器学习的决策自动化，改变行为而不必经过个人主观决策的过滤是可能的。

事实是偏见不仅仅是统计上的。偏见检查应该整合到治理框架中，以便尽早发现问题，因为它们确实有可能破坏数据科学和机器学习项目。

也不全是坏消息：数据科学家可以解决许多统计偏见的潜在来源（即世界本身）：

- 偏见被编码到训练数据中了吗？原材料有偏见吗？数据准备、采样或分割是否引入了偏见？
- 问题框架是否合理？
- 我们是否有针对所有子群体的正确目标？请注意，许多变量可能高度相关。
- 反馈环路数据是否因用户界面中选项的显示顺序等因素而存在偏见？

防止由偏见引起的问题是如此复杂，以至于目前的重点是在偏见造成伤害之前进行检测。机器学习可解释性是当前偏见检测的支柱，通过一套分析模型的技术工具来理解机器学习模型，包括：

- 预测理解：模型为什么要做出特定的预测？
- 子群体分析：子群体之间是否存在偏见？
- 依赖性理解：单个特征有什么贡献？

解决偏见的一个非常不同但互补的方法是在开发过程中尽可能广泛地利用人类的专业知识。这是负责任的人工智能中包容性理念的一个方面。

8.6.3 要素 3：包容性

人机回圈（Human-In-The-Loop，HITL）方法旨在将人类智能的精华与机器智能的精华结合起来。机器擅长从庞大的数据集中做出明智的决策，而人们更擅长用更少的信息做出决策。人类的判断对于做出道德和伤害相关的判断特别有效。

这一概念可以应用于模型在生产中的使用方式，但在模型的构建方式上也同样重要。例如通过签署流程等方式，在 MLOps 循环中形式化人的责任，可能很容易做到，但却非常有效。

包容性原则进一步发展了人与人工智能协作的理念：将尽可能多样的一组人类专业知识引入机器学习生命周期中，可以降低出现严重盲点和遗漏的风险。构建 ML 的团队包容性越低，风险就越大。

业务分析师、行业专家、数据科学家、数据工程师、风险管理者和技术架构师的观点都不同。所有这些观点结合在一起，使管理模型开发和部署比依赖任何单个用户配置文件更加清晰，并且使这些用户配置文件能够有效协作是降低风险和提高任何组织中 MLOps 性能的关键因素。参见第 2 章，了解不同配置文件之间协作的清晰示例，以获得更好的 MLOps 性能。

也许通过焦点小组测试，完全的包容性甚至可以将消费者带入过程。包容性的目标是将适当的人类专业知识纳入这一进程，无论其来源如何。将 ML 留给数据科学家并不是管理风险的答案。

8.6.4 要素 4：大规模模型管理

当生产中有几个模型时，管理与 ML 相关的风险可以在很大程度上是手动的。但是随着部署数量的增长，挑战也在迅速增加。以下是大规模管理 ML 的一些关键注意事项：

- 可扩展的模型生命周期需要在很大程度上实现自动化和简化。
- 错误，例如数据子集的错误，会迅速而广泛地传播出去。
- 现有的软件工程技术可以在规模上帮助 ML。
- 决策必须是可解释的、可审计的和可追踪的。
- 再现性是理解哪里出了问题、谁或什么应该负责以及谁应该确保问题得到纠正的关键。

- 模型性能会随着时间的推移而下降：监控、漂移管理、再训练和模型重塑必须纳入流程。

- 技术发展迅速，需要一种整合新技术的方法。

8.6.5 要素 5：治理

负责任的人工智能将强大的治理视为实现公平和信任的关键。该方法建立在传统治理技术的基础上：

- 在流程开始时确定意图。

- 正式地将人纳入循环中。

- 明确职责（如图 8-3 所示）。

- 集成定义和构建过程的目标。

- 建立和传达流程和规则。

- 定义可衡量的指标并监控偏差。

- 在与总体目标一致的 MLOps 管道中构建多个检查。

- 通过教育增强人的能力。

- 教导构建者和决策者如何防止伤害。

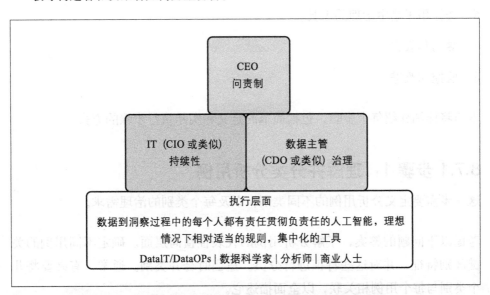

图 8-3：代表谁在组织的不同级别负责负责任的人工智能流程的不同部分

因此，治理是 MLOps 计划的基础和黏合剂。然而，重要的是要认识到它超越了传统数据治理的边界。

8.7 MLOps 治理模板

通过监管措施和负责任的人工智能行动，我们探索了 MLOps 治理要解决的关键主题，现在是时候制定如何实施一个 MLOps 鲁棒的治理框架了。

没有一种适用于所有企业的通用解决方案，并且企业内的不同用例证明了不同管理级别的合理性，但是可以在任何组织中应用循序渐进的方法来指导实施过程。过程有 8 个步骤：

1. 理解并分类分析用例。

2. 确立道德立场。

3. 确立责任。

4. 确定治理策略。

5. 将政策整合到 MLOps 过程。

6. 选择用于集中治理的工具。

7. 参与和教育。

8. 监控和改进。

本节将详细介绍每个步骤，包括简单的定义和实际执行步骤的方式。

8.7.1 步骤 1：理解并分类分析用例

这一步需要定义分析用例的不同类别，以及每个类别的治理需求。

考虑以下问题的答案，了解分析用例的代表性横向层面。确定不同用例的关键区别特征，并对这些特征进行分类。适当时合并类别。通常，有必要将几个类别与每个用例相关联，以全面描述它。

- 每个用例都要遵守哪些法规，都有什么影响？PII 地区特定行业法规呢？

- 谁消费模型的结果？大众？众多内部用户之一？

- 部署模型的可用性要求是什么？7×24 小时实时评分、计划批量评分、临时运行（自助分析）？

- 任何错误和不足的影响是什么？法律、金融、个人、公共信托？

- 发布的节奏和紧迫性是什么？

- 模型的生命周期和决策影响的生命周期是什么？

- 模型质量下降的可能速度是多少？

- 对可解释性和透明度的需求是什么？

8.7.2 步骤 2：确立道德立场

我们确立了公平和道德考虑是有效治理的重要激励因素，企业可以选择自己的道德立场，这将影响公众的看法和信任。企业采取的立场是实施该立场的成本和公众认知之间的权衡。即使长期投资回报率可能是正的，负责任的立场很少有短期财务成本为零的情况。

任何 MLOps 治理框架都需要反映公司的道德立场。虽然职位通常会影响模型做什么以及如何做，但是 MLOps 治理过程需要确保已部署的模型与选择的道德立场相匹配。这种立场可能会更广泛地影响治理过程，包括新模型的选择和验证以及可接受的意外伤害可能性。

考虑以下道德问题：

- 社会福祉的哪些方面很重要？例如，平等、隐私、尊严、就业、民主、偏见。

- 是否要考虑对人类心理的潜在影响？例如，人与人或人与人工智能的关系、欺骗、操纵、剥削。

- 是否需要金融影响方面的立场？例如，市场操纵。

- 决策应该有多透明？

- 对于人工智能导致的错误，企业希望接受何种程度的问责制？

8.7.3 步骤 3：确立责任

确定负责监督 MLOps 治理的人员群体及其角色。

- 让整个组织（跨部门）从管理层级的顶部到底部参与进来。

- 彼得·德鲁克的名言"文化可以把公司战略当早餐吃掉"强调了广泛参与和共同信念的力量。

- 避免创建全新的治理结构。看看已经存在的结构，并尝试将 MLOps 治理纳入其中。

- 获得高级治理层对治理过程的赞助。

- 从不同的责任层次来考虑：

  — 战略：制定愿景

  — 战术：实施和执行愿景

  — 运营：每天执行

- 考虑为完整的 MLOps 过程建立一个 RACI 矩阵（如图 8-4 所示）。RACI 主张负责、问责、咨询和通知，并强调不同利益相关者在总体 MLOps 过程中的作用。很可能你在此阶段创建的任何矩阵都需要在流程的稍后阶段进行细化。

任务	商业利益相关者	商业分析/平民数据科学家	数据科学家	风险/审计	数据操作	生产开发	资源管理员/架构师
识别	A/R	C		I			
数据预处理	C	A/R	C				
数据建模	C	A	R				
模型验收	I	C	C	A/R			
产品化		C	A/R	I	C		
资本化			R		R		A
与外部系统的集成					A/R		
全局编排		C			R	A	
用户验收测试	A/R	R	C		I		
部署					R	A	I
监控	I	C				A/R	I

R：谁批准 　　A：谁负责 　　C：咨询谁 　　I：通知谁

图 8-4：MLOps 的一个典型的 RACI 矩阵

8.7.4 步骤 4：确定治理策略

了解了治理的范围和目标，以及负责任的治理领导者的参与，现在是时候考虑 MLOps 过程的核心策略了。这不是一个小任务，不太可能在一次迭代中实现。专注于建立广泛的政策领域，并接受经验，将有助于发展细节。

考虑步骤 1 中的计划分类。在每种情况下，团队或组织需要什么治理措施？

在不太关注风险或法规遵从性的计划中，重量更轻、成本更低的措施可能是合适的。例如，确定不同类型的飞行餐数量的"如果"计算影响相对较小——毕竟，即使在引入机器学习之前，这种组合也是不正确的。即使是这样一个看似无关紧要的用例也可能会有道德上的含义，因为饮食选择可能与宗教或性别相关联，而宗教或性别在许多国家是受保护的属性。另一方面，通过计算来确定飞机加油量的影响会带来更大的风险。

治理方面的注意事项可以大致归纳为表 8-3。对于每个事项，每个类别都有一系列要考虑的措施。

表 8-3：MLOps 治理注意事项

治理注意事项	示例措施
再现性和可追溯性	完整的 VM 和数据快照用于精确和快速的模型重新实例化，或者能够重新创建环境并使用数据样本再训练，或者仅记录部署的模型的度量标准
审计和文档	开发过程中所有变更的完整日志，包括实验运行和所做选择的原因，或者仅包括已部署模型的自动化文档，或者根本没有文档
人机回圈签收	每次环境迁移都要进行多次签收（开发、QA、预生产、生产）
预生产验证	验证模型文档，方法是对模型进行手工编码、比较结果，或者在类似生产的环境中重新创建全自动测试管道，只对数据库、软件版本和命名标准进行广泛的单元和端到端测试用例或自动检查
透明度和可解释性	使用手动编码的决策树来获得最大的可解释性，或者使用回归算法的可解释性工具，如夏普利值，或者接受不透明的算法，如神经网络
偏差和伤害测试	"红队"对抗式手动测试，使用多种工具和攻击媒介，或对特定子群体进行自动偏差检查
生产部署模型	容器化部署到弹性、可扩展、高可用性、多节点配置，在部署或单个生产服务器之前自动进行压力 / 负载测试

表 8-3：MLOps 治理注意事项（续）

治理注意事项	示例措施
生产监控	实时错误警报、动态多臂赌博机模型平衡、自动隔夜再训练、模型评估、重新部署或每周输入漂移监控、手动再训练或基本基础设施警报、无监控、无基于反馈的再训练
数据质量和合规性	PII 考虑因素，包括匿名化、记录和审查列级沿袭，以了解数据的来源、质量和适当性，以及针对异常情况的自动化数据质量检查

最终确定的治理政策应提供：

- 确定任何分析计划分类的流程。这可以作为核对表或风险评估应用程序来实施。

- 针对治理考虑的计划分类矩阵，其中每个单元标识所需的措施。

8.7.5 步骤 5：将政策集成到 MLOps 过程中

一旦确定了不同类别计划的治理政策，就需要将实施这些政策的措施纳入 MLOps 过程中，并对所分配的措施负责。

虽然大多数企业都将拥有一个现有的 MLOps 过程，但这很可能没有被明确地定义，而是根据个人需求演变而来。现在是时候重新审视、增强和记录这个过程了。治理过程的成功采用只有在它被清楚地传达并且寻求每个利益相关者群体认同的情况下才能发生。

通过与责任人面谈，以了解现有流程中的所有步骤。在没有现有正式流程的地方，这通常比听起来更难，因为流程步骤通常没有被明确地定义，所有权也不清楚。

尝试将政策驱动的治理措施映射到对流程的理解中，将会很快发现流程中的问题。在一个企业中，可能有一系列不同风格的项目和治理需求，例如：

- 一次性的自助服务分析

- 内部消费模型

- 嵌入公共网站的模型

- 部署到物联网设备的模型

在这些情况下，一些流程之间的差异可能非常大，因此最好考虑几个并行流程。最终，每个用例的每个治理措施都应该与一个过程步骤和一个最终负责的团队相关联，如表 8-4 所示。

表 8-4：治理措施的过程步骤与注意事项

过程步骤	示例活动和治理注意事项
业务范围界定	记录目标、定义 KPIs 和记录签署：出于内部治理考虑
构思过程	数据发现：数据质量和法规遵从性约束
	算法选择：受可解释性要求的影响
开发	数据准备：考虑 PII 合规性、法律区域范围分离、避免输入偏差
	模型开发：考虑模型再现性和可审计性
	模型测试和验证：偏差和危害测试、可解释性
预生产	使用生产数据验证性能 / 偏差
	生产就绪测试：验证可扩展性
部署	部署策略：由操作化水平驱动
	部署验证测试
	使用影子测试或 A/B 测试技术进行生产验证
监控和反馈	性能指标和警报
	针对输入漂移的警报预测日志分析

8.7.6 步骤 6：选择集中治理的工具

MLOps 治理过程影响整个 ML 生命周期和整个组织的许多团队。每个步骤都需要执行一系列特定的操作和检查。模型开发和治理活动实施的可追溯性是一个复杂的挑战。

大多数组织对于过程治理仍然有一种"纸质表格"的思维方式，在这种方式下，表格被填写、传阅、签名和归档。表格可以是文本文件，通过电子邮件传阅，也可以通过电子方式存档，但是纸张的局限性仍然存在。很难跟踪进度、关联工件、一次评审许多项目、提示行动以及提醒团队责任。事件的完整记录通常分布在多个系统中，由单个团队拥有，这使得对分析项目进行简单的概述实际上是不可能的。

虽然团队总是有特定于他们角色的工具，但是如果从一个系统中治理和跟踪总体流程，MLOps 治理就会更有效。该系统应该：

- 集中定义每类分析用例的治理流程。

- 实现对完整治理流程的跟踪和实施。

- 为分析项目的发现提供单一参考点。

- 实现团队之间的协作，特别是团队之间的工作转移。

- 与用于项目执行的现有工具集成。

当前的工作流、项目管理和 MLOps 工具只能部分支持这些目标。一种新的 ML 治理工具类别正在出现，以直接和更全面地支持这种需求。这些新工具专注于 ML 治理的具体挑战，包括：

- 所有模型状态的单一视图（也称为模型注册中心）。

- 带有签收机制的过程门，允许随时跟踪决策制定的历史。

- 跟踪模型所有版本的能力。

- 链接到工件存储、度量快照和文档的能力。

- 专门为每类分析用例定制流程的能力。

- 集成生产系统运行状况监控的能力以及根据原始业务关键绩效指标跟踪模型性能的能力。

8.7.7 步骤 7：参与和教育

如果没有针对参与监督和执行治理流程的团队的参与和培训计划，该计划被部分采用的可能性微乎其微。沟通 MLOps 治理对业务的重要性以及每个团队贡献的必要性是非常重要的。基于这种理解，每个人都需要学习他们必须做什么、什么时候做、如何做。这项练习将需要大量的文档、训练，最重要的是需要时间。

首先，传达业务中 MLOps 治理的广阔愿景。强调现状的危险，概述一个过程，并详细说明它是如何适应一系列用例的。

直接与每个相关团队沟通，并直接与他们一起制定培训计划。不要害怕利用他们的经验来塑造训练和治理责任的具体实施。其结果将是更强的认同和更有效的治理。

8.7.8 步骤 8：监控和细化

新实施的治理是否有效？是否执行了规定的步骤，是否达到了目标？如果事情进展不顺利，应该采取什么措施？我们如何衡量今天的现实与业务需求之间的差距？

衡量成功需要度量和检查。它要求人们承担起监督的任务和解决问题的方法。治理流程及其实施方式需要根据经验教训和不断变化的需求（包括本章前面讨论的不断变化的法规需求）不断细化。

流程成功的一个重要因素是流程中负责个人措施的个人的勤奋程度，激励他们是关键。

对治理过程的监控始于对关键绩效指标和目标（治理的关键绩效指标）的清晰理解。这些措施应旨在衡量流程是否正在实施以及目标是否正在实现。监控和审计可能很耗时，所以尽可能地将度量标准自动化，并鼓励单个团队拥有与其职责范围相关的度量监控。

很难让人们去执行那些似乎对实际工作人员没有任何实际意义的任务。解决这个问题的一个流行策略是游戏化。这不是要让一切看起来像一个电子游戏，而是要引入激励机制，让人们执行主要利益来自他人的任务。

用简单的方式实现治理过程的游戏化：广泛发布 KPI 结果是最简单的开始。能够看到目标正在实现是满足感和动力的来源。排行榜，无论是在团队还是个人层面，都可以增加一些建设性的竞争元素。例如，那些工作总是第一次就通过合规检查，或者在截止日期前完成的人，应该能够感觉到他们的努力是可见的。

然而，过度的竞争可能会造成干扰，降低积极性。必须找到一个平衡点，而这最好通过随着时间的推移慢慢建立游戏化元素来实现。从最不注重竞争的元素开始，一个个添加新元素，在添加下一个元素前衡量其有效性。

监控治理环境的变化至关重要。这可能是法规，也可能是舆论。那些负责战略远景的人必须继续对其进行监控，并有一个评估潜在变化的过程。

最后，只有对问题采取行动，对流程的所有监控才是有价值的。建立一个同意变更和实施变更的流程，可能会导致重新审视政策、流程、工具、责任、教育和监控。需要迭代和细化，但是效率和效果之间的平衡很难找到，许多教训只能通过艰苦的方式来学习。建立一种文化，在这种文化中，人们将迭代和改进视为成功过程（而不是失败过程）的衡量标准。

结语

很难将 MLOps 与其治理分开。没有治理，就不可能成功地管理模型生命周期、降低风险和大规模交付价值。治理影响一切，从业务如何可接受地利用机器学习模型，到可使用的数据和算法，再到操作、监控和再训练的风格。

大规模的 MLOps 还处于起步阶段。很少有企业在做，做得好的企业更少。虽然治理是提高 MLOps 有效性的关键，但目前很少有直接应对这一挑战的工具，而且只有零碎的建议。

公众对 ML 的信任岌岌可危。即使像欧盟这样行动缓慢的组织也明白这一点。如果失去了信任，那么从 ML 中获得的许多好处也将失去。额外的立法正在准备中，但即使没有这些，企业也需要担心无意中有害的模型可能对其公共形象造成的潜在损害。

当计划扩展 MLOps 时，从治理开始，并使用它来推动流程。不要把它拴在最后。想通政策，考虑使用工具给出一个集中的视图，参与整个组织。这将需要时间和迭代，但最终企业将能够回顾过去，并为它认真对待自己的责任而自豪。

MLOps 具体示例

第 9 章

实践中的 MLOps：
消费信贷风险管理

在这本书的最后几章，我们将探讨三个例子来说明 MLOps 在实践中可能会是什么样子。我们明确选择了这三个例子，因为它们代表了机器学习的基本不同的用例，并说明了多模型操作方法学如何不同以适应业务需求及其多模型生命周期实践。

9.1 背景：商业使用案例

当消费者要求贷款时，信贷机构必须决定是否给予贷款。根据具体情况，流程中的自动化程度可能会有所不同。然而，很有可能该决定将由评估贷款是否会按预期偿还的概率的评分来决定。评分通常用于流程的不同阶段：

* 在预筛选阶段，用少量特征计算的评分允许机构快速放弃一些申请。

* 在承销阶段，根据所有要求的信息计算的评分为决策提供了更精确的依据。

* 在承销阶段之后，评分可以用来评估与投资组合中的贷款相关的风险。

数十年来，分析方法一直被用来计算这些概率。例如，美国从 1995 年开始使用 FICO 评分。鉴于它们对机构收入和客户生活的直接影响，这些预测模型一直受到严格审查。因此，过程、方法和技能已经被形式化为一个高度规范的环境，以确保模型的可持续性能。

无论这些模型是基于专家制定的规则、经典统计模型，还是基于更近的机器学习算法，它们都必须遵守类似的法规。因此，消费信贷风险管理可以被视为多层次运营的先驱：可以基于此用例分析与其他用例以及最佳实践的相似之处。

在做出信贷决策时，通常可以获得有关客户的历史和当前情况的信息。客户持有多少信用？客户是否曾经没有偿还过贷款（用信用术语来说，客户是否拖欠款项）？在一些国家，称为信用局的组织收集这些信息，并直接或通过评分的形式（如前面提到的 FICO 评分）提供给债权人。

待预测目标的定义更为复杂。在信用风险建模中，客户未按预期还款是一个"坏"结果。理论上，人们应该等待完全还款来确定一个"好"结果，等待损失冲销来确定一个"坏"结果。然而，获得这些最终数据可能需要很长时间，等待它们将会阻止对变化条件的反应。因此，通常会根据各种指标进行权衡，在损失确定之前宣布"坏"结果。

9.2 模型开发

历史上，信用风险建模基于混合规则（现代 ML 行话中的"手动特征工程"）和逻辑回归。专家知识对于创建一个好的模型至关重要。建立适应的客户细分以及研究每个变量的影响和变量之间的相互作用需要大量的时间和精力。结合先进的技术，如带偏移的两阶段模型、基于 Tweedie 分布的先进的一般线性模型，或一边是单调性约束，另一边是金融风险管理技术，这使得该领域成为精算师的乐园。

像 XGBoost 这样的梯度增强算法降低了构建好模型的成本。然而，黑盒效应使它们的验证变得更加复杂：无论输入什么，都很难感觉到这种模型给出了合理的结果。然而，信用风险建模者已经学会使用和验证这些新型模型。他们已经开发了新的验证方法，例如，基于个人解释（例如，夏普利值）以建立对他们模型的信任，这是 MLOps 的一个关键组成部分，正如我们在本书中所探讨的。

9.3 模型偏见考虑

建模者还必须考虑选择偏见，因为模型必然会被用来拒绝申请人。因此，获得贷款的群体并不代表申请人群体。

通过在由先前模型版本选择的群体上不加考虑地训练模型版本，数据科学家将使模型不能准确地预测被拒绝的群体，因为它没有在训练数据集中表示，而它正是从模型中期望的。这种效果叫"计划性选择"。因此，必须使用特殊方法，如基于申请人群体的重新加权或基于外部数据校准模型。

用于风险评估而不仅仅进行贷款发放决策的模型必须产生概率，而不仅仅是"是 / 否"结果。通常预测模型直接产生的概率是不准确的。虽然数据科学家应用阈值来获得二进制分类不是问题，但他们通常需要一种称为校准的单调变换来恢复历史数据上评估的"真实"概率。

该用例的模型验证通常包括：

- 在样本外数据集上测试其性能，该数据集是在训练数据集之后（或者，在某些情况下，也是之前）选择的。

- 不仅要调查整体绩效，还要调查每个子群体的绩效。这些亚群通常会有基于收入的客户细分，以及随着负责任的人工智能的兴起产生的其他细分变量（如性别或根据当地法规的任何受保护的属性）。不这样做的风险可能会导致严重的损害，正如苹果在 2019 年所经历的那样，当时它的信用卡被认为对申请信贷的女性"性别歧视"（*https://oreil.ly/iO3yj*）。

9.4 为生产做准备

鉴于信贷风险模型的重大影响，其验证流程涉及生命周期建模部分的重要工作，包括以下全部文件：

- 所用数据
- 模型和构建模型的假设
- 验证方法和验证结果

- 监控方法

这种情况下的监控方法有两个方面：数据和性能漂移。由于预测和获得基本事实之间的延迟时间很长（通常是贷款期限加上几个月的延迟付款），监控模型性能是不够的：还必须仔细监控数据漂移。

例如，如果出现经济衰退或商业政策发生变化，申请人群体很可能会发生变化，从而无法保证模型的性能，除非进一步验证。数据漂移通常由客户部门使用通用统计指标来测量概率分布之间的距离（如 Kolmogorov-Smirnov 或 Wasser-stein 距离），也使用特定于金融服务的指标，如人口稳定性指数和特征稳定性指数。绩效漂移也通过通用指标（AUC）或特定指标（Kolmogorov-Smirnov、Gini）在亚群中进行定期评估（*https://oreil.ly/1-7kd*）。

模型文档通常由 MRM 团队在一个非常正式和独立的过程中进行审查。这样一个独立的评审是一个很好的实践，以确保向模型开发团队提出正确的问题。在某些关键情况下，验证团队可能会根据文档从头开始重建模型。在某些情况下，第二种实现是使用一种替代技术来建立对模型的文档化理解的信心，并强调从原始工具集中产生的看不见的 bug。

复杂而耗时的模型验证过程对整个 MLOps 生命周期都有影响。快速修复和快速模型迭代对于如此冗长的质量保证来说是不可能的，并且会导致非常缓慢和深思熟虑的 MLOps 生命周期。

9.5 部署到生产环境

在典型的大型金融服务组织中，生产环境不仅与设计环境分离，而且可能基于不同的技术栈。关键操作的技术栈（如交易验证，但也可能包括贷款验证）将始终缓慢演进。

历史上，生产环境主要支持规则和线性模型，如逻辑回归。有些可以处理更复杂的模型，如 PMML 或 JAR 文件。对于不太关键的用例，Docker 部署或通过集成数据科学和机器学习平台的部署是可能的。因此，模型的操作可能涉及从点击按钮到基于微软 Word 文档编写公式的操作。

在这样一个高价值的用例中，部署模型的活动日志对于监控模型性能是必不可少的。根据监控的频率，反馈回路可能是自动的，也可能不是。例如，如果任务一年只执行一次或两次，并且最大的时间花费在询问数据问题上，那么自动化可能不是必需的。另一方面，如果评估每周进行，自动化可能是必不可少的，这可能是几个月期限的短期贷款的情况。

结语

近几十年来，金融服务部门一直在开发预测模型验证和监控方案。它们能够不断适应新的建模技术，如梯度增强方法。鉴于它们的重要影响，围绕这些模型的生命周期治理的过程被很好地形式化，甚至被纳入许多法规。因此，它们可以成为其他领域中 MLOps 的最佳实践来源，尽管需要进行调整，一方面因为鲁棒性与成本效率、价值实现时间之间的权衡，以及更重要的是，另一方面因为团队挫折感在其他业务中可能有所不同。

第 10 章

实践中的 MLOps：营销推荐引擎

Makoto Miyazaki

在过去的 20 年里，推荐引擎变得非常流行，从第一个亚马逊书籍推荐到今天在数字商店、广告、音乐和视频流中的广泛使用。我们都已经习惯了。然而，这些年来，这些推荐引擎背后的底层技术不断发展。

本章涵盖一个用例，该用例说明了当给定快节奏和快速变化的机器学习模型生命周期的特殊性时，MLOps 策略的适应性和需求。

10.1 推荐引擎的兴起

历史上，营销推荐是人为的。基于定性和定量的营销研究，营销巨头将建立规则，以统计方式定义发送给具有给定特征的客户的印象（在广告观点的意义上）。这项技术催生了营销数据挖掘城市传奇（*https://oreil.ly/HDPpE*），一家食品连锁店发现，在周四和周六购买尿布的男性也更有可能购买啤酒，因此将两者放在一起会增加啤酒销量。

总体而言，手动创建的推荐引擎存在许多瓶颈，导致大量资金浪费：很难基于许多不同的客户特征构建规则，因为规则创建过程是手动的，很难设置实验来测试许多不同种类的印象，并且很难在客户行为发生变化时更新规则。

10.1.1 机器学习的作用

人工智能的兴起给推荐引擎带来了新的范式，允许消除基于人类洞见的规则。一种称为协同过滤的新算法主导了这一领域。该算法能够在没有任何营销知识的情况下，分析数百万客户和数万产品的客户和购买数据，以执行推荐。通过有效地识别看起来像当前客户购买的客户，营销人员可以依靠在成本和效率上都优于传统策略的自动策略。

因为构建策略的过程是自动的，所以可以定期更新它们，并使用 A/B 测试或影子评分方案（包括在所有可能性中选择印象的方式）对它们进行比较。请注意，出于各种原因，这些算法可能会与更经典的商业规则相结合，例如，避免过滤泡沫、不在给定的地理区域销售产品，或防止使用统计上有意义但不太合理的特定关联（如向康复中的酒精患者推荐酒精），等等。

10.1.2 推还是拉

当实现一个推荐引擎时，重要的是要记住它的结构将取决于推荐是被推还是被拉。推送渠道最容易处理，例如，它们可以包括发送电子邮件或拨打外线电话。

推荐引擎可以以批处理模式定期运行（通常在一天一次和一个月一次之间），并且很容易将客户数据集分成几个部分，以便在合理的实验设计中执行分析。流程的规则允许定期审查和策略优化。

拉式渠道通常更有效，因为它们在客户需要时提供信息，例如，在进行在线搜索或拨打客户服务热线时。可以使用来自会话的特定信息（例如，用户搜索了什么）来精确定制推荐。例如，音乐流平台为播放列表提供拉式频道推荐。

如本章的深入示例所示，建议可以预先考虑，也可以实时提出。在后一种情况下，必须建立一个特殊的体系结构来动态计算推荐。

在拉上下文中比较策略更具挑战性。在给定渠道打电话的客户可能与普通客户不同。在简单的情况下，可以随机选择用于每个建议的策略，但是对于给定的客户，也可能需要在给定的时间段内一致地使用该策略。这通常会导致每种策略的建议比例不平衡，这使得决定哪种策略是最好的统计处理更加复杂。然而，一旦建立了一个好的框架，这将允许一个非常快速的改进周期，因为许多策略可以被实时测试。

10.2 数据准备

推荐引擎通常可访问的客户数据由以下内容组成：

- 关于客户的结构信息（例如年龄、性别、位置）
- 关于历史活动的信息（例如过去的浏览、购买、搜索）
- 当前上下文（例如当前的搜索、查看的产品）

无论使用何种技术，所有客户信息都必须聚合成一个特征向量（固定大小的列表）。例如，从历史活动中，可以提取以下特征：

- 上周或上个月的购买量
- 过去期间的浏览次数
- 上个月的支出或浏览次数的增加
- 以前看到的印象和客户的反应

除了客户数据之外，还可以考虑推荐上下文。例如，季节性产品（如地面游泳池）的夏至日数或每月发薪日数，一些客户会因现金流原因推迟购买。

一旦客户和上下文数据被格式化，重要的是定义一组可能的建议，并且有许多选择要做。相同的产品可能呈现不同的报价，这些报价可能以不同的方式传达。

最重要的是不要忘记"不推荐任何东西"选项。事实上，我们大多数人都有这样的亲身经历，即并非所有的建议都有积极的影响。有时候不展示任何东西可能比另一个选项更好。同样重要的是要考虑到一些客户可能无权看到某些推荐，例如根据他们的地理来源。

10.3 设计和管理实验

为了利用推荐引擎的持续改进潜力，有必要在一个健全的框架内尝试不同的策略。在为推荐引擎设计预测模型时，数据科学家可能会关注一个简单的策略，例如预测给定客户点击给定推荐的概率。

与试图收集关于客户是否购买了产品，以及是否将购买归因于给定推荐的信息的更精确的方法相比，这似乎是一种合理的折中。然而，从商业角度来看，这是不够的，因为可能会出现同类相食的现象（即通过向客户展示低利润产品，人们可能会阻止他们购买高利润产品）。因此，即使预测是好的并导致销量增加，总收入也可能会减少。

另一方面，直截了当地促进组织的利益而不是顾客的利益也会产生不利的长期后果。应仔细选择用于评估给定战略是否产生更好结果的总体关键绩效指标，以及评估该指标的时间段。选择推荐后两周内的收入作为主要的关键绩效指标是常见的做法。

为了尽可能接近一个实验环境，也称为 A/B 测试，必须仔细选择控制组和实验组。理想的情况是，在实验开始前，通过随机拆分用户群来定义各组。如果可能的话，客户最近不应该参与另一个实验，这样他们的历史数据就不会被其影响所污染。然而，在许多新客户涌入的拉式环境中，这可能是不可能的。在这种情况下，任务可以即时决定。组的大小以及实验的持续时间取决于两组之间 KPI 差异的预期大小：预期效果越大，组的大小越小且持续时间越短。

实验也可以分两步进行：在第一步中，可以选择两组大小相等但有限的人。如果实验结果是积极的，新策略的部署可以从 10% 开始，如果结果符合预期，这个比例可以逐步提高。

10.4 模型训练和部署

为了更好地说明此类用例的 MLOps 过程，以下部分将重点介绍一个假设公司部署自动化管道来训练和部署推荐引擎的具体示例。该公司是一家全球软件公司（我们称之为 MarketCloud），总部设在硅谷。

MarketCloud 的产品之一是名为 SalesCore 的软件即服务（SaaS）平台。SalesCore 是一款 B2B 产品，它允许用户（企业）通过跟踪交易、清除办公桌上烦琐的治理任务以及为每个客户创建定制的产品报价，以简单的方式推动对客户的销售（参见图 10-1）。

MarketCloud 的用户不时在与客户通话时使用基于云的销售核心，通过查看过去与客户的互动以及 ScalesCore 建议的产品优惠和折扣来调整他们的销售策略。

MarketCloud 是一家中型公司，年收入约为 2 亿美元，拥有几千名员工。从酿酒公司的销售人员到电信实体的销售人员，MarketCloud 的用户代表了一系列的业务。

图 10-1：ScalesCore 平台的模型，这是本节示例所基于的假设公司的基础

MarketCloud 希望在 SalesCore 上自动向产品的销售人员显示产品建议。平台将根据客户的信息以及他们过去与销售人员的互动记录提出建议，因此，平台将为每个客户定制建议。换句话说，SalesCore 基于在拉（入站呼叫）或推（出站呼叫）上下文中使用的推荐引擎。销售人员在与客户通话时，能够将建议的产品纳入他们的销售策略。

为了实现这个想法，MarketCloud 需要构建一个推荐引擎，并将其嵌入 SalesCore 的平台中，从模型训练和部署的角度来看，这提出了几个挑战。我们将在本节介绍这些挑战，在 10.5 节中，我们将展示使公司能够应对每一个挑战的移动运营战略。

10.4.1 可扩展性和可定制性

MarketCloud 的商业模式（为用户公司销售软件，帮助他们销售自己的产品）呈现出一种有趣的情况。每个用户公司都有自己的数据集，主要是关于其产品和客户的，它不希望与其他公司共享数据。

如果 MarketCloud 有大约 4000 名用户使用 SalesCore，这意味着它需要创建 4000 个不同的系统，而不是为所有用户提供一个通用的推荐系统。MarketCloud 需要想出一种尽可能高效地构建 4000 个推荐系统的方法，因为它无法逐个手工构建这么多系统。

10.4.2 监控和再训练策略

4000 个推荐引擎中的每一个都将根据相应用户的客户数据进行训练。因此，它们中的每一个都是不同的模型，产生不同的性能结果，使得公司几乎不可能手动关注所有的 4000 个。例如，饮料行业的用户 A 的推荐引擎可能会一直给出好的产品建议，而电信行业的用户 B 的引擎可能很少提供好的建议。MarketCloud 需要想出一种自动化监控方法和随后的模型再训练策略，以防性能下降。

10.4.3 实时评分

在许多情况下，MarketCloud 的用户在与客户通话时会使用 SalesCore。销售谈判在通话过程中的每一分钟都在发展，销售人员需要在与客户互动的过程中调整策略，因此推荐引擎必须对实时请求做出响应。

例如，假设你是一名销售人员，正在与客户通话销售电信设备。客户告诉你他的办公室是什么样的，办公室现有的基础设施，如光纤、无线网络的类型等。在 SalesCore 中输入这些信息后，你希望平台为你的客户可能购买的产品提供建议。平台的这种响应需要是实时的，而不是 10 分钟后、通话后或第二天。

10.4.4 能够打开和关闭推荐

负责任的人工智能原则承认保持人的参与是重要的。这可以通过人性化的设计来实现[注1]，这样就可以不用人工智能了。此外，如果用户不能忽略人工智能的建议，采用率可能会很低。一些用户重视利用自己的直觉向客户推荐哪些产品。出于这个原因，MarketCloud 希望让其用户完全控制推荐引擎的打开和关闭，以便用户可以在需要时使用推荐。

10.5 管道结构和部署策略

为了高效地构建 4000 个推荐引擎，MarketCloud 决定制作一个数据管道作为原型，并复制 4000 次。这个原型管道由必要的数据预处理步骤和一个基于示例数据集的推荐引擎组成。推荐引擎中使用的算法在所有 4000 个管道中都是相同的，但是它们将使用与每个用户相关的特定数据进行训练（参见图 10-2）。

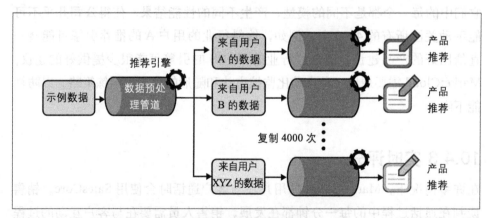

图 10-2：MarketCloud 推荐引擎项目的数据管道结构图

这样，MarketCloud 可以高效地推出 4000 个推荐系统。用户仍将保留一定的

注 1：关于人工控制机制的设计的解释，见 Karen Yeung，"Responsibility and AI"［欧洲委员会研究报告，DGI（2019）05]，64，脚注 229（*https://oreil.ly/p5hJR*）。

定制空间，因为引擎是用他们自己的数据训练的，每个算法都将使用不同的参数，即它被每个用户的客户和产品信息所采用。

使单个管道扩展到 4000 个管道成为可能的是数据集的通用模式。如果用户 A 的数据集有 100 列，而用户 B 有 50 列，或者如果来自用户 A 的列"购买项目数"是整数，而来自用户 B 的相同列是字符串，则它们需要通过不同的预处理管道。

虽然每个用户都有不同的客户和产品数据，但在该数据在 SalesCore 上注册时，它会获取相同数量的列和相同的数据类型。这让事情变得更容易，因为 MarketCloud 只需要复制一条管道 4000 次。

4000 个管道中嵌入的每个推荐系统将具有不同的 API 端点。从表面上看，当用户点击"显示产品推荐"按钮时，SalesCore 会显示一个建议的产品列表。但在后台所发生的是，通过点击按钮，用户正在点击与特定客户的排名产品列表相关联的特定 API 端点。

10.6 监控和反馈

维护 4000 个推荐系统并不是一件容易的事情，虽然到目前为止已经有很多关于 MLOps 的考虑，但这可能是最复杂的部分。每个系统的性能都需要根据需要进行监控和更新。为了大规模地实施这种监控策略，MarketCloud 可以自动地对模型进行再训练和更新。

10.6.1 再训练模型

用户获得新的客户，一些客户流失，每隔一段时间，新产品被添加到他们的目录或从他们的目录中删除。底线是客户和产品数据不断变化，推荐系统必须反映最新的数据。这是他们保持推荐质量的唯一方法，更重要的是，避免出现推荐过时且不再受支持的 WiFi 路由器等情况。

为了反映最新的数据，团队可以设计一个场景，用最新的客户和产品数据自动更新数据库，每天午夜用最新的数据集再训练模型。这种自动化场景可以在所有 4000 个数据管道中实现。

再训练的频率可能因用例而异。由于自动化程度高，这种情况下每天晚上再训练是可能的。在其他情况下，再训练可能由各种信号触发（例如，新信息量的显著性或客户行为的漂移，无论是不定期的还是季节性的）。

此外，必须考虑到推荐与评估其效果的时间点之间的延迟。如果只知道延迟几个月的影响，那么每天再训练是不够的。事实上，如果行为变化如此之快，以至于需要每天对其进行再训练，那么当该模型用于在训练数据中最近的推荐之后几个月进行推荐时，它很可能已经完全过时了。

10.6.2 更新模型

更新模型也是大规模自动化策略的关键特征之一。在这种情况下，对于 4000 个管道中的每一个，必须将再训练的模型与现有模型进行比较。可以使用 RMSE（均方根误差）等指标来比较它们的性能，只有当经过再训练的模型的性能优于之前的模型时，经过再训练的模型才会部署到 SalesCore。

10.6.3 夜间运行，白天睡眠

虽然模型每天都要再训练，但用户并不直接与模型交互。使用更新后的模型，平台实际上在夜间完成了对所有客户的产品排名列表的计算。第二天，当用户点击"显示产品推荐"按钮时，平台只需查看客户标识，并返回特定客户的产品排名列表。

对用户来说，推荐引擎看起来好像是实时运行的。然而，在现实生活中，一切都已经准备好了，引擎白天在睡眠。这使得在不停机的情况下立即获得推荐成为可能。

10.6.4 手动控制模型的选项

虽然模型的监控、再训练和更新是完全自动化的，但 MarketCloud 仍然为其用户打开和关闭模型留出了空间。更准确地说，MarketCloud 允许用户从三个选项中选择与模型交互的选项：

- 打开以获得基于最新数据集的推荐。

- 冻结以停止使用新数据进行再训练，但继续使用相同的模型。

- 关闭以完全停止使用 SalesCore 的推荐功能。

机器学习算法尝试将实用知识转换为有意义的算法以自动化处理任务。然而，给用户留下依靠他们的领域知识的空间仍然是一个好的实践，因为他们被认为更有能力识别、阐明和展示业务中的日常过程问题。

第二个选项很重要，因为它允许用户保持推荐的当前质量，而不需要用更新的数据更新推荐引擎。当前的模型是否会被再训练的模型所取代，取决于基于 RMSE 等指标的数学评估。然而，如果用户觉得 SalesCore 上的产品推荐已经很好地推动了销售，他们可以选择不冒险改变推荐质量。

10.6.5 自动控制模型的选项

对于那些不想手动操作模型的人，平台还可以提供 A/B 测试，以便在完全切换到新版本之前测试新版本的影响。多臂赌博机算法（一种用于用户面对多台老虎机时使收入最大化的算法，每台老虎机获胜的概率不同，平均返还的资金比例也不同）用于此目的。

让我们假设有几个模型版本可用。目标是使用最有效的算法，但要做到这一点，算法显然必须首先学习哪个是最有效的。因此，它平衡了这两个目标：有时，它尝试可能不是最高效的算法来学习它们是否高效（探索），有时它使用可能是最高效的版本来最大化收入（开发）。此外，它会忘记过去的信息，因为算法知道今天最高效的算法可能不是明天最高效的。

最高级的选项包括为不同的关键绩效指标（点击、购买、预期收入等）训练不同的模型。一种受集合模型启发的方法可以解决模型之间的冲突。

10.6.6 监控性能

当销售人员建议客户购买 SalesCore 推荐的产品时，会记录客户与推荐产品的互动以及客户是否购买了这些产品。然后，此记录可用于跟踪推荐系统的性能，用此记录覆盖客户和产品数据集，以便在再训练时向模型提供最新信息。

由于这一基本事实记录过程，显示模型性能的面板可以呈现给用户，包括来自 A/B 测试的性能比较。因为快速获得地面事实，所以数据漂移监控是次要的。每天晚上都会训练一个版本的模型，但是由于采用了冻结机制，用户可以根据定量信息选择活动版本。在这些高影响力的决策中，人们习惯于保持循环，在这些决策中，性能指标很难捕捉到决策的全部上下文。

在 A/B 测试的情况下，重要的是一次只能对一组客户进行一个实验，不能简单地增加综合战略的影响。考虑到这些因素，有可能建立一个合理的基线来执行反事实分析，并得出与新战略相关的增加的收入或减少的流失。

除此之外，MarketCloud 还可以通过检查有多少用户冻结或关闭了推荐系统，在宏观层面监控算法性能。如果许多用户关闭了推荐系统，这强烈表明他们对推荐质量不满意。

结语

这个用例是特殊的，因为 MarketCloud 建立了一个销售平台，许多其他公司使用它来销售产品，其中数据的所有权属于每个公司，并且数据不能在公司之间共享。这带来了一个挑战性的局面，即 MarketCloud 必须为每个用户创建不同的推荐系统，而不是汇集所有数据来创建一个通用的推荐引擎。

MarketCloud 可以通过创建一个单一的管道来克服这个障碍，来自许多不同公司的数据可以被馈送到这个管道中。通过让数据经历自动推荐引擎训练场景，MarketCloud 创建了许多在不同数据集上训练的推荐引擎。好的 MLOps 过程使公司能够大规模地这样做。

值得注意的是，尽管这个用例是虚构的，但它是基于现实的。处理类似项目的现实团队花了大约三个月的时间才完成。该团队使用数据科学和机器学习平台将单个管道的副本编排到 4000 份，并自动将相应的数据集馈送到每个管道并训练模型。当然，他们接受了推荐质量和可伸缩性之间的权衡，以有效地推出产品。如果团队已经为 4000 个管道中的每一个精心制作了定制的推荐引擎（例如，通过为每个用户选择最佳算法），推荐引擎将具有更高的质量，但是他们将永远无法在如此短的时间内用如此小的团队完成项目。

第 11 章

实践中的 MLOps：消耗预测

Nicolas Omont

不同时间和地理范围的预测在电网运行中起着重要作用。它们允许模拟系统未来可能的状态，并确保系统能够安全运行。本章将介绍机器学习模型的生命周期和用于消耗预测的 MLOps 用例，包括业务考虑、数据收集和实施决策。虽然这一章的重点是电网，考虑和用例的特殊性可以推广到其他使用消耗预测的工业案例上。

11.1 能源系统

大容量电力系统是电网的骨干，也称为传输网络，它们构成了"保持灯亮的系统"的核心。这些系统主要由线路和变压器组成，它们通过负责最后几公里传输的配电网络与大多数生产者和消费者间接相连。如图 11-1 所示，只有最大的电力生产者和电力消费者才会直接连接到大容量系统里。

传输距离越长，传输的能量体积越大，使用的电压就越高：在低端，几十千米以上的几十兆瓦的电压是几十千伏；在上端，几千公里以上的几千兆瓦的电压是一百万伏。（一条一兆瓦容量的线路可以用来为欧洲一千个左右的居民提供电力。）传输系统的运行总是需要大量的通信和计算，因为它的特性是：

没有能量存储

网络存储的能量没有意义——能量在电网中消耗不到一秒，在交流发电机和电动机中消耗多达 30 秒。相比之下，燃气管网在其管道中储存了几个小时的消耗量。因此，必须迅速采取措施平衡生产和消费，避免停电。

弱流量控制

在电信网络中，通过丢弃数据包或不建立呼叫来处理拥塞。电网中没有等效机制，这意味着电网元件上的功率流可能高于其运行极限。根据技术和严重程度，过载几秒到几小时后必须采取措施。流量控制技术确实存在，但在流量控制和瞬时平衡之间有一个权衡：电力必须找到从发电到消耗的路径。

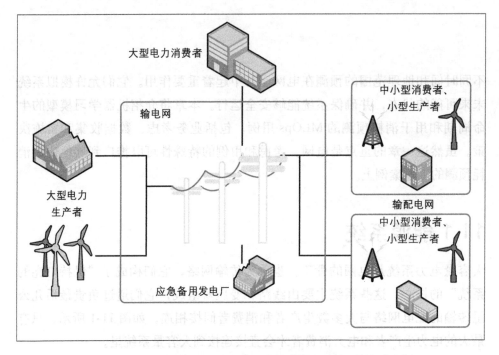

图 11-1：一个大容量电力系统示例，只有最大的生产者和消费者直接与之相连

由于这两个属性，网格操作者总是必须预测连续发生的情况：如果这个网格元件失败了，剩余元件上的过载是否仍然可以接受？从接下来的五分钟到接下来的五十年，这种预期是在几个时间尺度上完成的。要采取的行动取决于时界。例如：

- 五分钟以内：不可能有人类活动。自动操作应该已经定义好了。

- 五分钟到几个小时后：生产计划和电网顶部调整（打开断路器和其他流量控制技术）。

- 几天后：维护计划调整。

- 几个季度后：维护计划调整、与生产者或消费者签订合同，以保证发电量，限制发电量或耗电量。

- 5 至 50 年后：对电网元件的投资。线路和变压器的标准预期寿命为几十年，实际上，预计一些网格元件将持续运行一百多年。

另一个问题是在不同的地理范围内进行预测。虽然一些意外事件只对电网的一小部分产生影响，但有些可能影响较大，可能需要几个国家采取协调行动来减轻其影响。因此，运行电网需要：

1. 在时间限制很强的广阔地理区域内收集数据。

2. 处理数据以预测并采取相应行动。

11.2 数据收集

收集过去的数据是进行预测的第一步。有两个很大程度上独立的数据源：监控和数据采集系统与计量系统。根据预测用例，可以使用其中一个。

监控和数据采集系统实时收集数据，为操作员提供系统的最新视图。它还允许向网络设备发送命令，例如打开和关闭断路器。该系统最令人印象深刻的表现是大多数控制室中的概要屏幕，如图 11-2 所示。

有些测量特意设计为冗余的，例如测量功率损耗。如果在线路的每一端测量功率流，那么它们之间的差值等于线路上的损耗。可以对这些损失进行物理估计，这样就有可能在一项措施缺失时进行处理，以检测异常情况，或者提高估计的精度。

使用这种冗余产生网络状态的过程称为状态估计，每隔几分钟运行一次。当运行限制未得到满足时，监控和数据采集系统会发出警报。然而，如果电网中的一个元件出现故障，那么当运行限制未得到满足时，监控和数据采集系统不能发出警报。

图 11-2：监控和数据采集系统通常每 10 秒钟或更短时间更新电网上数千个关于流量、消耗和发电量的测量值

由状态估计产生的一致状态上的网络元件损耗的模拟（N-1 模拟）定期运行，监控和数据采集系统数据的值迅速衰减。因此，当状态估计被记载时，它不会被巩固。丢失的值通常不会被输入，异常通常不会被纠正。状态估计被各种过程使用，因此它们通常在几个月到几年内被记载。

用于开具发票的计量系统不需要像监控和数据采集系统那样被动，但应该精确。它关注的是生产和消费，而不是流量。它不是监控瞬时功率，而是记录在几分钟到一小时的时间内提取或注入的能量。

它收集的信息在延迟一天或更长时间后才可用。较新的系统一般在几分钟内可以使用这些信息。然而，当缺少测量或异常时，通常需要进行整合和验证，以便最终数据通常在几个工作日内仍然可用。这些数据都有很好的历史记录。

11.3 问题定义：机器学习，还是不机器学习

并非所有用例都适合机器学习。有些问题可以通过其他方式更容易、更便宜地解决。如表 11-1 所示，在这三种情况下，用于预测这里给出的用例类型的技术是不同的。

表 11-1：用例预测技术

用例	预测技术
预测的不确定性来自操作员无法更改的系统部分	实际上，改变天气是不可能的。因此，风能和光伏 (PV) 发电以及供暖和空调可以安全地被视为外源性的。这使它们成为直接使用机器学习预测的理想对象。这些预测可以利用气象预测或气候场景，具体取决于时界。气象预报只能提前几天提供，但现在有些模型可以预测几个月后的趋势
预测不确定性来自系统某部分，这部分可以被操作员以某种方式影响	例如，严格来说，不应该预测消费，而应该预测需求。消费和需求之间的区别在于，消费以某种方式掌握在操作员手中，操作员可以通过关闭消费者来选择不满足需求。出于同样的原因，光伏和风能的生产潜能是可以预测的，而不是实际产量
预测的不确定性来自系统的某部分，其他一些参与者可以控制和预测这一部分	例如，对于操作员可以打开或关闭的可调度电力装置，最好向操作员索取计划。如果这是不可能的，最好采取重现制订计划的方式——例如，如果电力价格高于工厂燃料成本，操作员可能会启动工厂。在这种情况下，预测可能依赖于诸如基于个体的建模之类的技术大型工厂可能会根据其运营生产计划制定消耗计划。配电网拓扑结构也可能提前安排，因为维护操作需要提前规划。在所有这些情况下，询问计划通常比使用机器学习来预测它们更好

11.4 空间和时间分辨率

由于大数定律，当消费在空间或时间上聚集时，预测不确定性降低。虽然很难预测单个家庭的每小时消费（因为人不是机器），但对于几百万人口来说，预测这样一个群体的月消费是相当容易的。

因此，预测系统通常是分层的，有几个级别的预测通过约束链接在一起。也就是说，区域预报要累加到全国预报中，小时预报要累加到日预报中。

让我们举一个突出的例子来说明这一点。电力牵引列车对电网运营商来说有一个令人担忧的消费模式，因为它们是移动的，典型的列车线路每 10 到 50公里由不同的变电站供电。结果，运营商看到每 10 分钟左右从一个变电站切

换到另一个变电站需要消耗几兆瓦的电能。这造成了几个问题：

- 线路层面的预测相对容易，因为列车总是在某个地方行驶，而且列车通常在固定的时间运行。因此，机器学习方法可能会奏效。
- 在给定的变电站对长期提取的能量进行预测也相对容易，因为列车将通过线路的相应部分。
- 但是，因为操作员想知道列车在运行时是否会产生过载，所以需要一组一致的预测：
   — 列车一次只能在一个位置断电。
   — 每个变电站都应该在某个时间点看到消耗峰值，因此需要细粒度的时间解决方案。
- 因此，解决方案取决于预测的目标：
- 在日常基础上，将列车消耗分摊到所有变电站的平均解决方案是不可接受的，因为可能会错过潜在的超载。将列车消耗分摊到所有变电站的最坏情况解决方案可能更容易接受，但由于总消耗太大，它会预测虚假过载。
- 但是，为了安排向该地区输送原料的一条线路的维护，只要不计算多次，消耗的确切位置可能不会有影响。

设计预测系统时，必须进行权衡，因为完美的系统不太可能存在。如果系统有很大的余量，预计很少或没有过载，因此预测系统可以是粗略的。然而，如果电网运行接近其极限，系统必须经过精心制作。

11.5 实施

一旦数据由监控和数据采集系统或计量系统收集，就必须进行历史化。除了存储原始数据之外，还需要进行一些处理：

- 时间聚合，例如在五分钟内：要么保持平均值，要么保持高分位数值。平均值代表一段时间内消耗的能量，高分位数有助于评估是否出现约束。
- 分解：当仅测量提取量时，必须分别估计产量和消耗量。通常，消耗是去除分布式发电（风力、光伏等）的最佳估计后剩余的部分。机器学习对于执行这些估计是有用的。

- 空间聚合：由于系统是平衡的，因此可以通过计算本地生产和与邻近地区的交换之间的差异来计算一个地区的消耗。这在历史上非常有用，因为生产易于监控，只有几个非常大的发电机组和几条与邻国相接的线路。如今，随着分布式发电越来越广泛，情况变得更加复杂。

- 缺失值插补：测量可能缺失。在监控和数据采集系统中，存在用旧值或典型值实时替换缺失值的规则。在计量系统中，插补是一个影响很大的过程，因为它将直接反映在客户的发票上。

然后，数据存储在不同的数据库中。短期关键流程中使用的数据存储在高可用性系统中，冗余允许从数据中心的丢失中快速恢复。长期流程（发票、报告、ML 模型训练）中使用的数据存储在普通的 IT 数据库中。总体而言，受监控的网格元件数量将在 1000 到 100 000 之间。这意味着按照今天的标准，它们会生成合理数量的数据。可扩展性也不是问题，因为大容量电网在发达国家不再增长。

11.6 建模

一旦数据准备工作完成，数据科学家通常可以在网格的不同提取点访问数百个生产和消耗时间序列。他们必须开发方法，以在不同的时界上预测其中的一些。他们的重点通常是风力发电、光伏发电，有时是径流式水力发电的生产潜力和需求。而风能和光伏主要依靠气象因素，需求主要由经济活动驱动，但也有一部分依赖于气象（比如供暖和制冷）。

取决于建模的时界，建模方式可能看起来非常不同：

- 短期：最多在几天之前，最后已知的值对于进行预测非常重要。此外，出于同样的原因，可以获得气象预报。因此，方法将利用这些信息。在这种情况下，确定性预测是有意义的。

- 中期：几天到几年之间，气象未知，但气候已知。除非发生经济危机，对过去一年趋势的统计推断是有意义的。因此，可以绘制场景来获得关于未来消耗的统计指标（平均值、置信区间、分位数等）。

- 长期：投资决策需要几十年的预测。从这个角度来看，对当前趋势的统计推断是不够的，考虑到全球变暖，无论是在社会经济方面还是在气候方面都是如此。因此，统计方法必须以自底向上的基于使用的方法和专家制定的关于未来的多样化方案来完成。

机器学习和MLOps主要涉及短期和中期预测。在这种情况下，两者中的中期模型更容易以以下方式开始。给定几年的数据，目标是预测消费：

- 日历是每日、每周和每年周期的叠加。除了夏令时，银行假日和学校假期也有很大的影响。

- 气象变量（温度、风、太阳）。由于建筑物具有非常大的热惯性，可能需要至少两天甚至三周的过去温度。

虽然可以使用任何类型的机器学习算法，但预测曲线的平滑度很重要，因为预测不是单独使用的，而是作为每日、每周或每年的场景使用。许多算法在其度量中不考虑平滑度，因为它们依赖于数据是独立同分布的假设，在我们的例子中这是不正确的，因为给定一天的消耗通常与前一天和前一周的消耗相关。

广义可加模型（GAM）往往是一个很好的起点：它们是基于样条的，所以平滑度是有保证的。事实上，消耗预测是为其开发的用例之一。结合气候条件，机器学习模型能够产生年消耗情景。

短期预测更加复杂。最简单的方法是从最近的历史数据中去除中期预测，并对残差使用标准时间序列技术，如ARIMA（差分自回归移动平均）或指数平滑。这允许在几天内生成预测。基于几年数据训练的综合短期模型比这种简单的方法有潜在的优势。

例如，中期模型是根据已实现的气象数据而不是气象预报进行训练的。因此，它过于重视气象预报，尽管它们可能是错误的。一个基于气象预测的短期模型将解决这个问题。然而，虽然新的算法[如长短期记忆（LSTM）神经网络]，是有希望的，但很难找到一种方法，允许以一致的方式在一天的任何时间同时预测几个时间跨度。

当解决方案的随机性太大而无法做出有意义的预测时，最好在空间或时间上聚合时间序列，然后使用非机器学习启发式方法来拆分聚合的预测：

- 在空间聚合的情况下，基于过去观察的共享密钥。

- 在时间聚合的情况下，基于过去观察的平均剖面。

由于网格处于不断演变中，很可能会出现没有历史数据的新注入和输出，消耗模式会出现破裂，因此过去的数据不再相关。预测方法必须考虑这些边缘情况。使用异常检测方法可以发现裂缝。一旦确定破裂，只要有必要，就可以使用简化模型，直到有足够的历史数据可用。

神经网络再次成为一种有吸引力的选择，它有望为所有消耗只训练一个模型，而不是用标准方法为每个消耗训练一个模型。事实上，只有一个模型，如果消耗模式看起来与现有模式相似，那么用浅层历史数据预测消耗是可能的。

11.7 部署

如今，模型很可能是由数据科学家用 R、Python 或 MATLAB 脚本原型化的。原型能够准备数据、在一个数据集上训练模型，并在另一个数据集上评分。可操作性可以遵循几个途径：

- 原型被完全重写。这种方法成本高且不灵活，但如果需要嵌入操作技术（OT）系统，这种方法可能是必要的。

- 只有数据准备和评分被重写，这允许按照不同的计划进行训练。如果一年左右进行一次训练，那么这是有意义的，因为定期进行模型审查是一种很好的做法，可以确保它运行良好并且维护它的技能到位。

- 数据科学和机器学习平台可以用来操作原型。这些平台非常灵活，允许将原型转移到安全性和可扩展性得到保证的生产环境中。大多数消耗预测模型将以批处理模式定期运行。对于更具体的用例，这些平台能够将训练好的模型导出为 JAR 文件、SQL、PMML、PFA 和 ONNX，这样它们就可以灵活地集成到任何类型的应用程序中。

11.8 监控

本节主要讨论短期预测。事实上，中期和长期预测受到漂移的系统影响，因为过去看起来永远不像未来，所以在用于预测之前，它们几乎被再次系统地训练。对于短期预测，除了信息技术监控以在预测未按时生成时发出警报，以及对可能导致错过截止日期的事件发出警告之外，还应监控模型本身。

第一种监控是漂移监控。对于电力消耗，漂移监控与模型一起部署是至关重要的。异常检测和破裂检测允许团队确保可以使用经过训练的模型。如果没有，则应使用基于浅层历史数据或多种消费预测的标准化分解的后备模型。这第一层将在线检测剧烈的漂移。

虽然数据科学家会尝试设计适应消耗水平的模型（如 ARIMA），但检测到某些消耗水平高于或低于训练期间的水平可能会很有用。这可能是慢慢发生的，所以没有被在线检测到。预测的离线分析（例如每月一次，或者每天计算），提供了检测这些缓慢漂移的可能性。在这种情况下，如果没有额外的基本事实可用，转向这些消耗的后备模型是有意义的。

最后，在操作之后，可以通过各种度量来评估预测的性能，例如平均绝对百分比误差（MAPE）。如果在相当长的一段时间（例如一个月）内检测到性能下降，可以选择再训练相应的模型，因为有新的数据可用，而且再训练的模型可能会提高性能。

这需要将设计和生产环境与 CI/CD 流程紧密结合（如第 6 章中详细讨论的那样）。如果一年一次人工部署新版本是可能的，那么一个月一次通常成本太高。有了先进的数据科学和机器学习平台，在使用新模型进行预测之前，也可以用它进行几天的影子评分。

结语

在本章中，我们已经看到了如何让数据说话，以帮助输电网的运行。各种机器学习和非机器学习法技术可用于提供从几分钟到几十年时间范围内的数千次消耗预测。

得益于 MLOps，设计、部署和监控流程已在多个行业中实现标准化，数据科学和机器学习平台也已开发出来支持这一流程。消耗预测系统的设计者可以利用这些标准流程和平台，从成本、质量或价值实现时间的角度提高这些系统的效率。

退一步说，很明显，不同的行业有各种各样的机器学习用例。当涉及定义问题、构建模型、推进生产时，所有这些都有它们自己的复杂性——这是我们在本书中讨论的所有内容。但是不管是什么行业或用例，MLOps 过程始终允许数据团队（更广泛地说，整个组织）扩展其机器学习工作的思路。

关于作者

Mark Treveil 曾在电信、银行和在线交易等不同领域设计产品。他自己的创业公司引领了英国地方政府的治理革命，至今仍在那里占主导地位。他现在是位于巴黎的 Dataiku 产品团队的一员。

Nicolas Omont 是 Artelys 的运营副总裁，他正在开发能源和运输方面的数学优化解决方案。曾担任 Dataiku 机器学习产品经理和高级分析师。他拥有计算机科学博士学位，在过去的 15 年里，他主要在电信和能源事业部门从事运筹学和统计学方面的工作。

Clément Stenac 是一位充满激情的软件工程师、CTO，也是 Dataiku 的联合创始人。他负责 Dataiku DSS 企业人工智能平台的设计和开发。Clément 曾在 Exalead 担任产品开发主管，领导面向全网的搜索引擎软件的设计和实施。他在开源软件方面也有丰富的经验，曾是 VideoLAN（VLC）和 Debian 项目的早期开发者。

Kenji Lefèvre 是 Dataiku 的产品副总裁。他负责监督 Dataiku DSS 企业人工智能平台的产品路线图和用户体验。他拥有巴黎第七大学的基础数学博士学位，在转向数据科学和产品管理之前，他曾导演过纪录片。

Du Phan 是 Dataiku 的一名机器学习工程师，他致力于数据科学的民主化。在过去的几年里，他一直在处理各种数据问题，从地理空间分析到深度学习。他现在的工作重点是 MLOps 的不同方面和挑战。

Joachim Zentici 是 Dataiku 的工程总监。Joachim 毕业于巴黎中央理工学院应用数学专业。在 2014 年加入 Dataiku 之前，他曾在西门子分子影像和法国国家信息自动化研究院担任计算机视觉方面的研究工程师。他也曾是一名教师和讲师。在 Dataiku，Joachim 做出了多种贡献，包括管理负责核心系统架构的工程师、为插件和生态系统工作建立团队，以及领导面向客户的工程师的全球技术培训计划。

Adrien Lavoillotte 是 Dataiku 的工程总监，他领导的团队负责机器学习和具有统计功能的软件的研发。他曾在巴黎 ECE 工程研究生院学习，在 2015 年加入 Dataiku 之前，他曾为几家初创公司工作。

Makoto Miyazaki 是 Dataiku 的数据科学家，负责使用 Dataiku DSS 为欧洲和日本客户提供实践咨询服务。Makoto 拥有经济学学士学位和数据科学硕士学位，他曾是一名金融记者，涉及的范围很广，包括核能和海啸后的经济复苏。

Lynn Heidmann 于 2008 年获得威斯康星大学麦迪逊分校的新闻 / 大众传播和人类学学士学位，并决定将她对研究和写作的热情带入科技世界。她在旧金山湾区工作了 7 年，在谷歌和后来的 Niantic 公司从事写作和运营工作，然后搬到巴黎，在 Dataiku 负责内容倡议。在目前的职位上，Lynn 关注并撰写全球的数据和人工智能技术趋势与发展。

关于封面

本书封面上的动物是一种叫 Bunaeopsis oubie 的非洲飞蛾，也称为 Zaddach's Emperor，在非洲中部和东部，从安哥拉到厄立特里亚都可以找到。它是天蚕蛾（Saturniidae）科的一个成员，该科包括 1000 个世界上最大的飞蛾。

这种非洲飞蛾有一个巨大的翼展，可伸展到 10 英寸（约 25 厘米），这使它比一些鸟类还要大。它的翅膀上有独特的标记：四个翅膀上各有一个红褐色的圆圈，下面有深褐色的条纹，胸部边缘和每个翅膀的外缘有白色条纹。飞蛾的触角很粗，形似羽毛。它们的整个身体用覆盖在它们的毛发和翅膀上的鳞片的蜡质涂层来防水。

飞蛾往往会被白色的、有香味的花朵所吸引，它们在夜间很容易嗅到这些花朵的香味，并以其毛茸茸的、黏黏的身体很好地授粉。许多动物和鸟类以飞蛾为食，包括猫头鹰和蝙蝠。飞蛾幼虫是蜥蜴、鸟类和许多小型哺乳动物的猎物。

O'Reilly 封面上的许多动物都濒临灭绝，它们对世界都很重要。

本书的封面插图由 Karen Montgomery 基于 *Encyclopedie D'Histoire Naturelle* 的黑白版画绘制而成。

推荐阅读

机器学习实战：基于Scikit-Learn、Keras和TensorFlow（原书第2版）

作者：Aurélien Géron ISBN：978-7-111-66597-7 定价：149.00元

机器学习畅销书全新升级，基于TensorFlow 2和Scikit-Learn新版本

Keara之父、TensorFlow移动端负责人鼎力推荐

"美亚" AI+神经网络+CV三大畅销榜冠军图书

从实践出发，手把手教你从零开始构建智能系统

　　这本畅销书的更新版通过具体的示例、非常少的理论和可用于生产环境的Python框架来帮助你直观地理解并掌握构建智能系统所需要的概念和工具。你会学到一系列可以快速使用的技术。每章的练习可以帮助你应用所学的知识，你只需要有一些编程经验。所有代码都可以在GitHub上获得。

机器学习算法（原书第2版）

作者：Giuseppe Bonaccorso ISBN：978-7-111-64578-8 定价：99.00元

　　本书是一本使机器学习算法通过Python实现真正"落地"的书，在简明扼要地阐明基本原理的基础上，侧重于介绍如何在Python环境下使用机器学习方法库，并通过大量实例清晰形象地展示了不同场景下机器学习方法的应用。

推荐阅读

深度学习基础教程

作者：赵宏 于刚 吴美学 张浩然 屈芳瑜 王鹏　ISBN：978-7-111-68732-0

围绕新工科相关专业初学者的需求，以阐述深度学习的基本概念、关键技术、应用场景为核心，帮助读者形成较为完整的知识体系，为进一步学习人工智能其他专业课程和进行学术研究奠定基础。

以深入浅出为指导思想，内容叙述清晰易懂，并辅以丰富的案例和图表，在理解重要概念、技术的使用场景的基础上，读者可以通过案例进行实践，学会利用深度学习知识解决常见的问题。

每章配有类型丰富的习题和案例，既方便教师授课，也可以帮助读者通过这些学习资源巩固所学知识

基于深度学习的自然语言处理

作者：[以色列] 约阿夫·戈尔德贝格（Yoav Goldberg）译者：车万翔 郭江 张伟男 刘铭　刘挺 主审
ISBN：978-7-111-59373-7

本书旨在为自然语言处理的从业者以及刚入门的读者介绍神经网络的基本背景、术语、工具和方法论，帮助他们理解将神经网络用于自然语言处理的原理，并且能够应用于自己的工作中。同时，也希望为机器学习和神经网络的从业者介绍自然语言处理的基本背景、术语、工具以及思维模式，以便他们能有效地处理语言数据。